博碩文化

U0086643

博碩文化

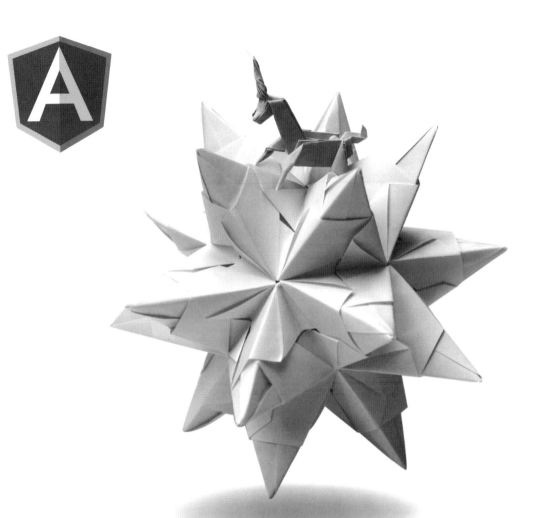

AngularJS
必學的90項實務秘方

Google工程師親手撰寫的秘訣指南
建構出高效且強大的網頁應用程式

Matt Frisbie 著

廖信彥 譯

[AngularJS 必學的
90 項實務秘方]

作　　者：Matt Frisbie
譯　　者：廖信彥
責任編輯：沈睿哖
行銷企劃：黃譯儀
發 行 人：詹亢戎
董 事 長：蔡金崑
顧　　問：鍾英明
總 經 理：古成泉
出　　版：博碩文化股份有限公司
地　　址：221 新北市汐止區新台五路一段 112 號 10 樓 A 棟
　　　　　電話 (02)2696-2869 傳真 (02)2696-2867
郵撥帳號：17484299　戶名：博碩文化股份有限公司
博碩網站：http://www.drmaster.com.tw
讀者服務信箱：DrService@drmaster.com.tw
讀者服務專線：(02)2696-2869 分機 216、238
（周一至周五 09:30 ～ 12:00；13:30 ～ 17:00）
版　　次：2015 年 6 月初版
建議零售價：新台幣 420 元
I S B N：978-986-434-020-0
律師顧問：永衡法律事務所 吳佳憓律師

本書如有破損或裝訂錯誤，請寄回本公司更換

國家圖書館出版品預行編目資料

AngularJS 網頁開發實務 / Matt Frisbie 著；廖
信彥譯 . -- 初版 . -- 新北市：博碩文化，2015.06
　面；　公分
譯自：AngularJS web application development
cookbook
ISBN 978-986-434-020-0(平裝)

1. 軟體研發 2. 電腦程式設計

312.2　　　　　　　　　　　　104009646

Printed in Taiwan

商標聲明

本書中所引用之商標、產品名稱分屬各公司所有，本書引用純屬
介紹之用，並無任何侵害之意。

有限擔保責任聲明

雖然作者與出版社已全力編輯與製作本書，唯不擔保本書及其所
附媒體無任何瑕疵；亦不為使用本書而引起之衍生利益損失或意
外損毀之損失擔保責任。即使本公司先前已被告知前述損毀之發
生。本公司依本書所負之責任，僅限於台端對本書所付之實際價
款。

著作權聲明

本書著作權為作者所有，並受國際著作權法保護，未經授權任意
拷貝、引用、翻印，均屬違法。

博碩粉絲團

歡迎團體訂購，另有優惠，請洽服務專線
(02) 2696-2869 分機 216、238

關於作者

Matt Frisbie 曾經在 DoorDash (YC S13) 公司擔任全端開發者,他是加入該公司的第一位工程師。他領導團隊採用 AngularJS,並且也專注於基礎設施、預測性以及資料方面的相關專案。

Matt 從伊利諾斯大學的厄巴納 — 香檳分校取得計算機工程學位,同時也是《Learning AngularJS》系列影片的作者(可至 O'Reilly Media 購買)。在此之前,他曾在幾間新創的教育科技公司擔任工程師。

他目前是 Google 的軟體工程師。

關於審閱者們

Pawel Czekaj 擁有計算機科學的學士學位。他是一位擁有堅強後端（PHP、MySQL 與 Unix 系統）與前端（AngularJS、Backbone.js、jQuery 與 PhoneGap）經驗的 Web 開發者，同時熱愛 JavaScript 和 AngularJS。在此之前，曾經擔任過資深的全端 Web 開發者，目前則擔任 Cognifide 的前端開發者，以及 SMS Air Inc. 的 Web 開發者。閒暇時，他喜歡開發行動式遊戲，可透過下列網址 http://yadue.eu 與他聯繫。

Patrick Gillespie 是 PROTEUS Technologies 的資深軟體工程師。他在 Web 開發領域已有超過 15 年的工作經歷，並且擁有計算機科學的學士及碩士學位。在工作之餘，他喜歡建設自己的個人網站（http://patorjk.com）、與家人相處，以及聽音樂。

Aakash Patel 是 Flytenow 的共同創始人兼 CTO，其服務內容是作為小型飛機的乘坐共享平台。他具有透過 AngularJS 開發客戶端的產業經驗，目前是卡內基─梅隆大學（CMU）的學生。

Adam Štipák 目前是一位全端開發者，擁有超過 8 年的專業 Web 開發經驗。他精通 AMP 技術（A 代表 Apache，M 為 MySQL，P 是 PHP），但也喜歡其他諸如 JavaScript、AngularJS 與 Grunt 等技術。他同時對於 Scala 的函數式程式設計極感興趣，並普遍對開源軟體具有好感。

撰寫一本有如JavaScript框架一般動盪的主題，就好比是騎乘野牛一樣。

給喬丹，我的家人兼朋友 —— 你幫助我一直堅持下去。

序

「讓它運作、讓它正確、讓它快。」(Make it work. Make it right. Make it fast)

當世界正年輕時，Kent Beck編造了這段預言性的聲明。即使到了今天，在由高效能單頁面應用程式的JavaScript框架所組成的超現代世界裡，他的想法仍然支配著一切。這段九個字(原文)的陳述說明了務實的開發人員欲建立高品質軟體的普遍過程。

在探索如何有效地施展技術的過程中，開發者會多次歷經前述過程，而每一次都會產生關於此技術的全新學習體驗。

這本開發手冊的目的是作為前述過程的協同指南，本書的所有章節將詳細檢視框架的每個主要面向，以便大幅提升理解的範圍。每一次打開本書，都應該會更進一步了解AngularJS框架的輝煌之處。

本書概要

第1章大量利用AngularJS的前導指令(Directive)，剖析其組成元件，以及示範如何於應用程式中使用。前導指令是AngularJS的重要基本元件，本章介紹的工具將大幅提升我們的能力，並且發揮可擴充性之優勢。

第2章以過濾器(Filters)和服務類型(Service Types)來擴充我們的工具集，內容涵蓋程式碼抽象化的兩個主要工具。過濾器是介於模型和可見區域之間的重要管道，並作為管理資料呈現的基本工具。服務則廣泛應用於依賴性注入模組和資源存取。

第3章的AngularJS動畫(Animations)提供一系列的方法，目的是以不同的方式有效地在應用程式中展現動畫。此外，文內將深入動畫的細節，以便完整地揭露其內的實際運作機制。

第4章雕塑和組織應用程式，內容包括如何控制應用程式的初始化、組織檔案與模組，以及管理樣板提交等策略。

第5章介紹範圍（Scope）和模型（Model），涉及ngModel的不同元件，並且提供整合至應用程式流程的操作細節。

第6章是關於AngularJS的測試，內容涵蓋如何撰寫由測試驅動的應用程式，例如示範如何設定一個可完善運作的測試環境、組織測試檔案與模組，以及一整套包括單元測試和E2E（端對端）測試的完整內容。

第7章發揮AngularJS極致效能是回應任何抱怨AngularJS過慢的產物。本章節提供了調整應用程式性能所需的全部工具，目的是將蒸汽火車變成子彈列車。

第8章的承諾（Promises）拆解非同步程式流程的結構，進而剖析其內部，然後以適當的策略來與應用程式進行整合。此外，本章還示範了如何且為何應該整合承諾至應用程式的路由與資源存取工具。

第9章介紹AngularJS 1.3版的新功能，包括如何整合新功能至應用程式，以及自AngularJS 1.2.x後期版本和AngularJS 1.3版所引入的變化。

第10章的AngularJS駭客技巧是一組聰明且有趣的集合，目的是擴展AngularJS的能耐。

本書的環境需求

本書所有的範例都已加入至JSFiddle上，此舉讓我們僅需連結URL，便能在任何主流的瀏覽器與多數作業系統下測試及修改程式碼，毋須進行任何形式的設定。如果打算在JSFiddle之外操作範例，可於https://code.angularjs.org/與https://cdnjs.com/取得相關的資源（AngularJS、AngularJS模組、第三方程式庫及模組等）。

第6章介紹AngularJS的測試時，會涉及如何設置測試框架，它應該能應用至任何基於Unix的主流作業系統（OS X與Linux等）。測試套件建構於Grunt、Karma、Selenium與Protractor之上，可透過npm來安裝它們及其相依性元件。

本書適合的讀者

市面上已經有許多入門資源指引新手開發者進入 AngularJS 的世界。這本開發手冊適合那些至少了解基本的 JavaScript 與 AngularJS，並且打算擴充框架視野的開發人員閱讀。

本書的目的是介紹 AngularJS 的核心概念，包括深刻地理解它的運作方式、最能發揮到實際應用程式的最佳方式，並且以包含註解的程式碼範例作為輔助。

章節的編排

本書會經常出現幾種標題（準備工作、開始進行、這是如何運作的？、還有更多，以及延伸閱讀等）。

為了清楚地編排各節內容，文內採用底下的段落形式：

準備工作

描述需要準備的事物，然後說明如何設定該節所需的任何軟體或前置作業。

開始進行

列出實際的執行步驟。

這是如何運作的？

通常會詳細解釋前文的內容。

還有更多

包含一些額外資訊，好讓讀者更了解相關細節。

延伸閱讀

其他相關的章節。

慣例

本書採用了許多文字樣式，藉以區分不同類型的資訊。底下會列出一些樣式範例，並且進行說明。

文字中的程式碼、資料表名稱、資料夾名稱、檔名、副檔名、路徑名稱、偽 URL、使用者輸入，以及 Twitter 頭銜等如下所示：「透過巧妙地利用前導指令和 $compile 服務，便有可能準確達到前述的功能。」

程式碼區塊則設置如下：

```
(index.html)

<!-- 指定應用程式的根元素 -->
<div ng-app="myApp">
  <!-- 以 $templateCache 註冊 'my-template.html' -->
  <script type="text/ng-template" id="my-template.html">
    <div ng-repeat="num in [1,2,3,4,5]">{{ num }}</div>
  </script>

  <!-- 自訂的元素 -->
  <my-directive></my-directive>
</div>
```

如果需要聚焦在程式碼區塊的某個特定段落，則相關的部分會變成粗體字：

```
(app.js)

.directive('iso', function () {
  return {
    scope: {}
  };
});
```

命令列的輸入或輸出如下所示：

```
npm install protractor grunt-protractor-runner --save-dev
```

新的術語或**重要的字**也會以粗體字表示，例如，在螢幕、功能表或對話方塊看到的文字，出現在文章的內容將是：「根據游標相對的位置，下列前導指令會顯示為 **NW**、**NE**、**SW** 或 **SE**」。

注意

警告或重要的說明會以這種格式出現。

提示

列出提示和技巧。

讀者回饋

隨時歡迎回饋意見,讓我們知道有關本書的任何想法 —— 無論是喜歡或不喜歡的內容。讀者的回饋對我們而言相當重要,能夠讓我們開發出更棒的內容來回饋讀者。

一般的回饋意見請寄送電子郵件到 feedback@packtpub.com,並於郵件主旨列出書名。

如果特別專精某個主題,而且有志於撰寫或協助出版書籍,請見我們的作者指南 https://www.packtpub.com/books/info/packt/authors。

客戶服務

現在您已成為 Packt 書籍驕傲的主人,我們有許多措施協助您充分行使有關的權益。

下載範例程式

利用在 http://www.packtpub.com 購買 Packt 書籍的帳號,就能下載書籍的所有範例程式檔案。若於其他地方購買此書,可前往 http://www.packtpub.com/support,註冊後將透過電子郵件寄送檔案。

勘誤表

雖然我們已盡力確保文章內容的正確性,但錯誤仍有可能發生。如果找到本書的錯誤 —— 可能位於文內或程式碼,請加以回報,我們將不勝感激。透過這項舉措,便能省卻其他讀者的挫折，並協助我們改善本書的後續版本。若有任何勘誤，請前往 https://www.packtpub.com/books/content/support，選擇所購買的書籍，接著點擊 Submit Errata 連結，並輸入錯誤的細節。一旦勘誤經過確認，便會接受提交，然後上傳勘誤到我們的網站，或者加入到既有的勘誤表清單（位於該書的 Errata 區）。可前往 http://www.packtpub.com/support 找到書籍的現有勘誤表。

盜版行為

網路上所流竄的盜版行為一直是所有媒體都面臨的問題，Packt 十分認真地保護自身的版權和著作權。如果在網路上看到以任何形式非法盜用我們的作品，請立即提供位置或網站的名稱，好讓我們能夠進行糾正。

請寄送涉嫌盜版的材料或連結至 copyright@packtpub.com。

非常感謝您提供的協助，這將有助於保護作者，以及保護我們提供高價值內容的能力。

問題

如果有關於本書任何方面的問題，請透過 questions@packtpub.com 與我們聯繫，我們將盡其所能來處理。

目　錄 Contents

第 6 章　AngularJS 與測試　201

第 1 章

善用 AngularJS 前導指令

本章涵蓋以下內容：

■ 建立一個簡單的元素前導指令

■ 操作一系列的前導指令

■ 運用 DOM

■ 連結前導指令

■ 透過隔離範圍與前導指令互動

■ 巢狀前導指令之間的互動

■ 選擇性的巢狀前導指令控制器

■ 前導指令範圍的繼承

■ 前導指令樣板

■ 隔離範圍

■ 前導指令的嵌入

■ 遞迴的前導指令

簡介

本章示範如何利用 AngularJS 前導指令，以便在應用程式中完成有用的工作。前導指令可能是框架中最富彈性也是最強大的工具，若想要建構出架構整潔並且可擴充的應用程式，有效地利用它們是不可或缺的部分。但也很容易會墮入前導指令的反模式，因此本章會指引如何正確地使用前導指令的功能。

建立一個簡單的元素前導指令

前導指令（directive）的一個常見使用案例是自訂 HTML 元素，以便封裝各自的樣板與行為。前導指令的複雜性與日俱增，因此確保基礎的理解十分重要。本節將展示一些前導指令最基本的功能。

開始進行

以 AngularJS 建立前導指令是透過前導指令定義物件來完成，該物件是由定義函數返回，其內包含若干屬性，目的是制定前導指令於應用程式的行為。

下列程式碼可建立一個簡單的元素前導指令：

```
(app.js)

// 定義應用程式模組
angular.module('myApp', [])
.directive('myDirective', function() {
  // 返回前導指令定義物件
  return {
    // 只符合元素標籤的前導指令
    restrict: 'E',
    // 插入樣板
    templateUrl: 'my-template.html'
  };
});
```

如同我們所想，除非內容很短，否則以樣板屬性來定義前導指令的樣板十分不明智，因此以下範例將直接跳到正式環境的做法：templateUrl 與 $templateCache。本節將使用一個相對簡單的樣板，並以 ng-template 加入 $templateCache。

一個簡單的範例程式如下所示：

```
(index.html)

<!-- 指定應用程式的根元素 -->
<div ng-app="myApp">
  <!-- 以 $templateCache 註冊 'my-template.html' -->
  <script type="text/ng-template" id="my-template.html">
    <div ng-repeat="num in [1,2,3,4,5]">{{ num }}</div>
  </script>
```

```
<!-- 自訂元素 -->
<my-directive></my-directive>
</div>
```

當 AngularJS 碰到 index.html 內的某個前導指令實例時，它會編譯成瀏覽器所認得的
HTML，如下所示：

```
<div>1</div>
<div>2</div>
<div>3</div>
<div>4</div>
<div>5</div>
```

提示

JSFiddle: http://jsfiddle.net/msfrisbie/uwpdptLn/

這是如何運作的？

restrict: 'E' 敘述代表前導指令將以元素形式呈現，它只是簡單地指示 AngularJS
搜尋一個內含 my-directive 標籤的 DOM 元素。

特別是在前導指令的上下文中，應該始終將 AngularJS 視為一種 HTML 編譯器。
AngularJS 會沿著頁面的 DOM 樹找尋需要執行動作的前導指令。AngularJS 於此處搜尋
<my-directive>、定位 $templateCache 的相關樣板，然後插入至頁面供瀏覽器處
理。提供的樣板以相同的方式編譯，因此 ng-repeat 與其他的 AngularJS 前導指令都是
可被使用的，如前文所示。

還有更多

前述方式雖然有用，但不是前導指令真正的精髓。它只是一個良好的出發點，以便讓我
們認知到其可用之處。然而，若透過內建的 ng-include 前導指令，則可以更容易地
實作出來，它能夠插入樣板到 HTML 的指定位置。這不意味著永遠不該以這種方式使用
前導指令，但重複發明輪子並非最佳實踐。前導指令的豐富功能不僅僅是插入樣板而已
（如後文所示），而簡單的工作就留給 AngularJS 已提供的工具來做即可。

操作一系列的前導指令

前導指令能夠以許多不同的方式與 HTML 結合，取決於結合的方式，前導指令和 DOM 的互動方式也有所差別。

開始進行

所有的前導指令都能定義 `link` 函數，用來定義前導指令實例應如何與所連接的 DOM 部份進行互動。在預設情況下，`link` 函數有三個參數：前導指令範圍（詳述於後文）、相關的 DOM 元素，以及「鍵－值」組合的元素屬性。

前導指令能以四種不同的形式存在於樣板中：作為 HTML 偽元素、作為 HTML 元素屬性、作為類別，以及作為註解。

元素前導指令

元素（element）前導指令採用 HTML 標籤的形式。如同所有的 HTML 標籤一般，它可以封裝內容、擁有屬性，或者位於其他 HTML 元素的內部等等。

此前導指令可透過底下方式應用於樣板內：

```
(index.html)

<div ng-app="myApp">
  <element-directive some-attr="myvalue">
    <!-- 前導指令的 HTML 內容 -->
  </element-directive>
</div>
```

此舉會讓前導指令樣板取代 `<element-directive>` 標籤所封裝的內容，該元素前導指令定義如下：

```
(app.js)

angular.module('myApp', [])
.directive('elementDirective', function ($log) {
  return {
    restrict: 'E',
    template: '<p>Ze template!</p>',
```

```
    link: function(scope, el, attrs) {
      $log.log(el.html());
      // <p>Ze template!</p>
      $log.log(attrs.someAttr);
      // myvalue
    }
  };
});
```

 提示

JSFiddle: http://jsfiddle.net/msfrisbie/sajhgjat/

請注意標籤字串與屬性字串，AngularJS會將採用駝峰式大小寫（camelCase）的 elementDirective及someAttr與採用連字符號的element-directive和 some-attr進行匹配。

如果打算完全取代該前導指令標籤，則定義方式如下：

```
(app.js)

angular.module('myApp', [])
.directive('elementDirective', function ($log) {
  return {
    restrict: 'E',
    replace: true,
    template: '<p>Ze template!</p>',
    link: function(scope, el, attrs) {
      $log.log(el.html());
      // Ze template!
      $log.log(attrs.someAttr);
      // myvalue
    }
  };
});
```

 提示

JSFiddle: http://jsfiddle.net/msfrisbie/oLhrm194/

這項方法以相同的方式運作，但前導指令的內部HTML便不會再以<element-directive>標籤封裝於編譯後的HTML中。此外，請注意到樣板紀錄少了<p></p>成對標籤，因為它們是樣板內最頂層的標籤，並成為根前導指令元素。

屬性前導指令

屬性（attribute）前導指令是最常使用的一種形式，而且具有很好的理由。它們的優點如下：

■ 可以加入既有的HTML當成獨立的屬性，當前導指令的目的不需要拆解既有的樣板，這項功能尤其方便。

■ 有可能加入無限量的屬性前導指令到某個HTML元素，而元素前導指令顯然辦不到這點。

■ 貼附到相同HTML元素的屬性前導指令，彼此之間能夠相互溝通（請參考「巢狀前導指令之間的互動」一節）。

本前導指令透過如下方式應用於樣板中：

```
(index.html)

<div ng-app="myApp">
  <div attribute-directive="aval"
    some-attr="myvalue">
  </div>
</div>
```

提示

非標準的元素屬性會加上加上data-前置字元，以便和HTML5規範相容。話雖這麼說，但如果不這麼做的話，幾乎在每個較新版本的瀏覽器上也不會出現問題。

可依下列方式定義屬性前導指令：

```
(app.js)

angular.module('myApp', [])
.directive('attributeDirective', function ($log) {
  return {
```

```
  // 限制預設值為 A
  restrict: 'A',
  template: '<p>An attribute directive</p>',
  link: function(scope, el, attrs) {
    $log.log(el.html());
    // <p>An attribute directive</p>
    $log.log(attrs.attributeDirective);
    // aval
    $log.log(attrs.someAttr);
    // myvalue
  }
};
});
```

 提示

JSFiddle: http://jsfiddle.net/msfrisbie/y2tsgxjt/

除了在 HTML 樣板內的形式外，屬性前導指令的函數和元素前導指令幾乎相同。它假設屬性值是從容器元素的屬性而來，包括屬性前導指令以及其他的前導指令（無論是否已指派值）。

類別前導指令

類別（class）前導指令和屬性前導指令並非完全不同，它們都有能力指派多個前導指令、不受限制地存取區域屬性值，並讓區域前導指令彼此通訊。

下列方式可應用此前導指令至樣板中：

```
(index.html)

<div ng-app="myApp">
  <div class="class-directive: cval; normal-class"
    some-attr="myvalue">
  </div>
</div>
```

可依下列方式定義類別前導指令：

```
(app.js)
```

```
angular.module('myApp', [])
.directive('classDirective', function ($log) {
  return {
    restrict: 'C',
    template: '<p>A class directive</p>',
    link: function(scope, el, attrs) {
      $log.log(el.html());
      // <p>A class directive</p>
      $log.log(el.hasClass('normal-class'));
      // true
      $log.log(attrs.classDirective);
      // cval
      $log.log(attrs.someAttr);
      // myvalue
    }
  };
});
```

 提示

JSFiddle: http://jsfiddle.net/msfrisbie/rt1f4qxx/

由於 AngularJS 在編譯前導指令時會將類別前導指令留置一旁，因此有機會重複使用類別前導指令，並且為其指定 CSS 樣式。此外，透過 CSS 字串，我們也可以直接套用值到前導指令的類別名稱屬性。

註解前導指令

註解（comment）前導指令是比較微不足道的，很少會出現有用的場合，但了解它們也能夠運用於應用程式中還是有所幫助。

下列方式可應用此前導指令至樣板中：

```
(index.html)

<div ng-app="myApp">
  <!-- directive: comment-directive val1 val2 val3 -->
</div>
```

可依下列方式定義註解前導指令：

```
(app.js)

angular.module('myApp', [])
.directive('commentDirective', function ($log) {
  return {
    restrict: 'M',
    // 若無 replace: true 敘述，樣板便無法插入至 DOM 中
    replace: true,
    template: '<p>A comment directive</p>',
    link: function(scope, el, attrs) {
      $log.log(el.html())
      // <p>A comment directive</p>
      $log.log(attrs.commentDirective)
      // 'val1 val2 val3'
    }
  };
});
```

提示

JSFiddle: http://jsfiddle.net/msfrisbie/thfvx275/

以往註解前導指令的主要用途是處理一些情境，例如難以利用DOM API建立多個同輩的前導指令。自從AngularJS 1.2版的釋出、以及納入ng-repeat-start與ng-repeat-end之後，註解前導指令已被視為次要的解決方案，因此基本上已漸漸退居幕後。然而，某些情況下還是能被有效運用。

這是如何運作的？

AngularJS會主動編譯樣板，並且搜尋符合定義的前導指令。在相同定義下，便由可能會將許多不同的前導指令形式一併串接。帶有restrict: 'EACM'的mydir前導指令能夠一併產生以下結果：：

```
<mydir></mydir>
<div mydir></div>
<div class="mydir"></dir>
<!-- directive: mydir -->
```

還有更多

本節中的 `$log.log()` 敘述應該能引發一些想法，以便在應用程式中有效地使用這些前導指令。

延伸閱讀

■ 「巢狀前導指令之間的互動」一節示範如何讓貼附到相同元素的前導指令彼此溝通。

運用 DOM

前一節已建立一個前導指令，它不在乎貼附到哪裡、位於何處、或者周遭如何等等。前導指令存在的目的是讓我們操控 DOM，而前一節相當於實例化一個變數。至於本節則會再加入一些邏輯性。

開始進行

前導指令最為常見的使用案例是作為 HTML 元素屬性（這是 restrict 的預設行為）。可以想像得到，此舉允許我們以如下方式裝飾 DOM 中既有的內容：

```
(app.js)

angular.module('myApp', [])
.directive('counter', function () {
  return {
    restrict: 'A',
    link: function (scope, el, attrs) {
      // 讀取元素屬性（如果存在）
      var incr = parseInt(attrs.incr || 1)
        , val = 0;
      // 定義一般 DOM 點擊事件的回呼函數
      el.bind('click', function () {
        el.html(val += incr);
      })
    }
  };
});
```

接著以如下方式在 <button> 元素使用該前導指令：

```
(index.html)

<div ng-app="myApp">
  <button counter></button>
  <button counter incr="5"></button>
</div>
```

 提示

JSFiddle: http://jsfiddle.net/msfrisbie/knk5znke/

這是如何運作的？

AngularJS 包含 jQuery 的子集（稱為 jqLite），讓我們能夠以核心工具集來修改 DOM。前導指令經由 link 函數內的元素參數附加到單一元素中。這裡能夠修改 DOM 的邏輯，包括起始元素的修改，以及事件的設定。

本節使用了 link 函數內的一個靜態屬性值 incr，並且呼叫該元素的若干 jqLite 方法。元素的參數已封裝成 jqLite 物件，因此能夠依需求檢視及修改它。本例手動累增計數器的值，並將結果作為按鈕元素中的文字。

還有更多

此處需要特別注意，永遠不要修改控制器內的 DOM，無論是前導指令或一般的應用程式控制器。由於 AngularJS 與 JavaScript 是十分彈性的語言，所以有可能扭曲其行為來完成 DOM 的處理。然而，以不正確的方式管理 DOM 的轉換，將造成控制器和 DOM 之間不必要的相依性（它們應該完全去除耦合性），並讓測試變得更困難。因此，一個良好的 AngularJS 應用程式不會去更動控制器內的 DOM。前導指令依各層級量身訂做，同時組織 DOM 的修改任務，所以應該要能夠毫無後顧之憂地使用。

此外，值得一提的是 attrs 物件是唯讀的，無法透過前述方式設定其值。雖然有可能以元素屬性修改屬性值，然而利用元素的狀態變數會是更優雅的方式，將詳述於後續章節。

- 本節先以相當初級的方式使用 link 函數,而下一節(連結前導指令)將更深入進一步的細節。

- 「隔離範圍」一節將探討可寫入的 DOM 元素屬性(作為狀態變數)。

連結前導指令

在現實狀況中,最終往往會建立出大型的前導指令子集合,其中大量繁重的工作將於前導指令的 link 函數內部完成。該函數會由 compile 函數返回,如同前一節所示,它能夠處理 DOM 內部及其周遭的內容。

開始進行

根據游標的相對位置,底下的前導指令將分別顯示 **NW**、**NE**、**SW** 或 **SE**。

```
angular.module('myApp', [])
.directive('vectorText', function ($document) {
  return {
    template: '<span>{{ heading }}</span>',
    link: function (scope, el, attrs) {
      // 初始化 CSS
      el.css({
        'float': 'left',
        'padding': attrs.buffer+"px"
      });

      // 初始化範圍變數
      scope.heading = '';

      // 設定事件監聽器和處理器
      $document.on('mousemove', function (event) {
        // mousemove 事件不會啟動 $digest,
        // 由 scope.$apply 手動進行
        scope.$apply(function () {
          if (event.pageY < 300) {
            scope.heading = 'N';
          } else {
            scope.heading = 'S';
          }
          if (event.pageX < 300) {
            scope.heading += 'W';
```

```
        } else {
          scope.heading += 'E';
        }
      });
    });
  }
};
});
```

前導指令依如下方式出現在樣板中：

```
(index.html)

<div ng-app="myApp">
  <div buffer="300"
    vector-text>
  </div>
</div>
```

 提示

JSFiddle: http://jsfiddle.net/msfrisbie/a0ywomq1/

這是如何運作的？

這個前導指令有許多值得一提的事物，其中注入了 $document，代表需要定義相對於前導指令的事件監聽器（橫跨 $document）。這裡定義了一個簡單的樣板，雖然通常應將樣板存放至獨立的檔案，但為了簡化起見，此處僅使用一個字串來建立。

前導指令首先以基本的 CSS 語法初始化元素，以便在游標的移動範圍中建立適當的定位點。該值是取自於元素屬性，採用前一節的相同作法。

接著監聽 $document 的 mousemove 事件，該處理器位於 scope.$apply() 封裝器的內部。如果移除此封裝器然後測試，將發現當處理器執行時，並不會更新 DOM。此乃因為應用程式所監聽的事件不會出現在 AngularJS 的上下文 —— 這只是一個瀏覽器的 DOM 事件，AngularJS 並不予理會。若想讓 AngularJS 知悉模型已產生變化，就得利用 scope.$apply() 封裝器觸發 DOM 的更新。

加上這些機制後，游標的移動將不斷地呼叫事件處理器，因此便能夠即時以文字顯示出游標的相對方位。

還有更多

這裡第一次使用了 scope 參數，有人可能會有疑問：「使用的範圍到底有多大？我甚至未在應用程式的任何地方進行宣告。」請記得，除非另外指定，否則前導指令將直接繼承既有的範圍，在這裡也是如此。如果注入 $rootScope 到前導指令，然後記錄至事件處理器的 $rootScope.heading 控制台，那麼前導指令會對整個應用程式的 $rootScope 寫入 heading 屬性！

延伸閱讀

■ 「隔離範圍」一節有關於前導指令範圍管理的更多細節。

透過隔離範圍與前導指令互動

AngularJS 應用程式得經常處理範圍及其繼承，尤其是在前導指令的上下文中，因為它們受限於插入的範圍，所以要仔細地管理，以防止出現意外結果。幸運的是，AngularJS 前導指令提供了許多強大的工具，藉以協助管理周遭範圍的可視性與互動。

如果前導指令未替自己指定一個新的範圍，便將繼承父範圍。如果這並非所想要的結果，便必須為其建立隔離範圍，然後在該範圍內部為所需的父範圍元素定義白名單。

準備工作

本節假設前導指令已存在於如下的設定：

```
(index.html)

<div ng-app="myApp">
  <div ng-controller="MainCtrl">
    <div iso></div>
  </div>
</div>

(app.js)
```

```
angular.module('myApp', [])
.controller('MainCtrl', function ($log, $scope) {
  $scope.outerval = 'mydata';
  $scope.func = function () {
    $log.log('invoked!');
  };
})
.directive('iso', function () {
  return {};
});
```

開始進行

若想以隔離範圍宣告前導指令，只需傳入一個空物件常值作為範圍屬性即可：

```
(app.js)
.directive('iso', function () {
  return {
    scope: {}
  };
});
```

如此一來，MainCtrl 將無法繼承父範圍，而前導指令也不能使用父範圍內的方法或變數。

若想傳遞唯讀值給前導指令，可於宣告時加上 @ 字元，代表相關 HTML 元素的特定具名屬性包含一個需納入前導指令隔離範圍的值，如下所示：

```
(index.html)

<div ng-app="myApp">
  <div ng-controller="MainCtrl">
    <div>Outer: {{ outerval }}</div>
    <div iso myattr="{{ outerval }}"></div>
  </div>
</div>

(app.js)

.directive('iso', function () {
  return {
    template: 'Inner: {{ innerval }}',
    scope: {
      innerval: '@myattr'
```

```
      }
    };
});
```

現在前導指令的範圍包含一個 innerval 屬性，其值來自父範圍的 outerval。
AngularJS 將對運算式字串進行求值，再提供結果給前導指令的範圍。設定該變數的值
並不會影響父範圍或是 HTML 的屬性，它只是複製一份到前導指令的範圍裡。

 提示

JSFiddle: http://jsfiddle.net/msfrisbie/cjkq6n1n/

雖然這項方法十分有用，但其中並未牽涉到資料繫結（此為喜愛 AngularJS 的原因之
一）；而且和傳入靜態字串相較之下，它並不會更方便。因此，看起來更有效的方法是
一份真正來自父範圍的資料繫結白名單，可透過等號(=)來完成，如下所示：

```
(index.html)

<div ng-app="myApp">
  <div ng-controller="MainCtrl">
    <div>Outer: {{ outerval }}</div>
    <div iso myattr="outerval"></div>
  </div>
</div>

(app.js)

.directive('iso', function () {
  return {
    template: 'Inner: {{ innerval }}',
    scope: {
      innerval: '=myattr'
    }
  };
});
```

 提示

JSFiddle: http://jsfiddle.net/msfrisbie/b0g9o3xq/

此處會指示子前導指令的範圍去檢查父控制器的範圍,接著於子範圍繫結父範圍的
outerval屬性(別名為innerval)。AngularJS支援範圍之間的完整資料繫結功能,
同時忽略父範圍內部所有未命名的屬性及方法。

更進一步來說,可從父範圍取出方法給前導指令使用。同理,模型變數也能繫結到子範
圍,然後取一個和父範圍不同的別名,再由子範圍呼叫,但仍位於父範圍的上下文。這
可透過「&」符號完成,如下所示:

```
(index.html)

<div ng-app="myApp">
  <div ng-controller="MainCtrl">
    <div iso myattr="func()"></div>
  </div>
</div>

(app.js)

.directive('iso', function () {
  return {
    scope: {
      innerval: '&myattr'
    },
    link: function(scope) {
      scope.innerval();
      // invoked!
    }
  };
});
```

提示

JSFiddle: http://jsfiddle.net/msfrisbie/1u24c4o8/

這裡指示子前導指令對傳入myattr屬性(位於父控制器的上下文)的運算式進行求
值。本例將呼叫func()方法,但任何有效的AngularJS運算式也能夠正常運作。呼叫
的方式和其他的範圍方法相同,也可以按需要加入參數。

這是如何運作的？

隔離範圍完全是在 scope 屬性（位於前導指令所返回的定義物件）進行管理，透過 @、= 與 &，就能指引前導指令忽略原本應繼承的範圍，僅使用那些有給予介面的資料、變數和方法。

還有更多

如果特別為應用程式修改前導指令，那麼隔離範圍可能就沒有必要。相反的，若打算為多個應用程式建構一個可重用的獨立元件，前導指令就不可能使用父範圍。因此，隔離範圍便顯得更加有用。

延伸閱讀

■ 「遞迴前導指令」一節利用隔離範圍維護遞迴式 DOM 樹的繼承與分離。

巢狀前導指令之間的互動

AngularJS 提供了一種有用的結構，有利於我們建立前導指令同輩（位於相同的 HTML 元素）或是相同 DOM 父系之間的溝通管道，並且毋須依賴 AngularJS 的事件。

準備工作

本節假設應用程式樣板包含底下的內容：

```
(index.html)

<div ng-app="myApp">
  <div parent-directive>
    <div child-directive
        sibling-directive>
    </div>
  </div>
</div>
```

開始進行

跨前導指令之間的通訊是由 require 屬性來完成，如下所示：

```
return {
  require: ['^parentDirective', '^siblingDirective'],
    link: function (scope, el, attrs, ctrls) {
      $log.log(ctrls);
      // 記錄排序後的控制器物件陣列
  }
};
```

利用傳入 require 的字串型前導指令名稱，AngularJS 就能檢查目前的以及父系的
HTML 元素中是否有相符的名稱。這些前導指令的控制器物件將以陣列形式返回，位於
原有前導指令 link 函數的 ctrls 參數內。

前導指令可以使用以下的方法：

```
(app.js)

angular.module('myApp', [])
.directive('parentDirective', function ($log) {
  return {
    controller: function () {
      this.identify = function () {
        $log.log('Parent!');
      };
    }
  };
})
.directive('siblingDirective', function ($log) {
  return {
    controller: function () {
      this.identify = function () {
        $log.log('Sibling!');
      };
    }
  };
})
.directive('childDirective', function ($log) {
  return {
    require: ['^parentDirective', '^siblingDirective'],
      link: function (scope, el, attrs, ctrls) {
        ctrls[0].identify();
        // Parent!
        ctrls[1].identify();
        // Sibling!
      }
  };
});
```

提示

JSFiddle: http://jsfiddle.net/msfrisbie/Lnxeyj60/

這是如何運作的？

childDirective取得所要求的控制器，接著傳給link函數，後者將其視為一般的 JavaScript物件。前導指令的定義順序並不重要，不過控制器物件會依照請求的順序 返回。

延伸閱讀

■ 「選擇性的巢狀前導指令控制器」一節將展示如何處理父輩或同輩控制器可能不存在的 情境。

選擇性的巢狀前導指令控制器

AngularJS的結構允許我們為前導指令建立同輩或父輩之間的通訊管道（相同的 DOM 父 系下），同時也能選擇性地請求同輩或父輩的前導指令控制器。

準備工作

假設應用程式包含底下內容：

```
(index.html)

<div ng-app="myApp">
  <div parent-directive>
    <div child-directive
      sibling-directive>
    </div>
  </div>
</div>

(app.js)

angular.module('myApp', [])
.directive('parentDirective', function ($log) {
  return {
    controller: function () {
```

```
    this.identify = function () {
      $log.log('Parent!');
    };
  }
};
})
.directive('siblingDirective', function ($log) {
  return {
    controller: function () {
      this.identify = function () {
        $log.log('Sibling!');
      };
    }
  };
});
```

開始進行

請注意，index.html 並不存在 missingDirective，require 陣列元素內的「?」前
置字元代表一個選擇性的控制器前導指令，如下所示：

```
(app.js)

.directive('childDirective', function ($log) {
  return {
    require: [
      '^parentDirective',
      '^siblingDirective',
      '^?missingDirective'
    ],
    link: function (scope, el, attrs, ctrls) {
      ctrls[0].identify();
      // Parent!
      ctrls[1].identify();
      // Sibling!
      $log.log(ctrls[2]);
      // null
    }
  };
});
```

 提示

JSFiddle: http://jsfiddle.net/msfrisbie/kr6w2hvb/

倘若控制器存在，便以相同的方式運作。如果沒有，該陣列索引便會回傳空值。

這是如何運作的？

AngularJS控制器只是一個JavaScript建構函數，當請求parentDirective與siblingDirective時，每個前導指令便返回其控制器物件。由於使用的是控制器物件而非控制器範圍，我們必須透過this定義公用的控制器方法，而非透過$scope。在外部前導指令的上下文內，$scope是沒有任何意義的，因為前導指令已經正準備被連結。

前導指令範圍的繼承

未特別指示前導指令建立自己的隔離範圍時，它將繼承內部既有的任何範圍。

準備工作

假設應用程式的框架如下：

```
(index.html - 編譯前)

<div ng-app="myApp">
  <div ng-controller="MainCtrl">
    <my-directive>
      <p>HTML template</p>
      <p>Scope from {{origin}}</p>
      <p>Overwritten? {{overwrite}}</p>
    </my-directive>
  </div> controller';
});

(app.js)

angular.module('myApp', [])
.controller('MainCtrl', function ($scope) {
  $scope.overwrite = false;
  $scope.origin = 'parent controller';
});
```

開始進行

最基本的設定是讓前導指令的範圍繼承自父範圍，然後由前導指令在 `link` 函數內使用。此舉允許前導指令操作父範圍，如下所示：

```
(app.js)

.directive('myDirective', function () {
  return {
    restrict: 'E',
    link: function (scope) {
      scope.overwrite = !!scope.origin;
      scope.origin = 'link function';
    }
  };
});
```

接著編譯成：

```
(index.html – 編譯後)

<my-directive>
  <p>HTML template</p>
  <p>Scope from link function</p>
  <p>Overwritten? true</p>
</my-directive>
```

 提示

JSFiddle: http://jsfiddle.net/msfrisbie/c3b3a38t/

這是如何運作的？

這裡沒有任何棘手的事情，該前導指令並沒有樣板，其內部的 HTML 會因著 `link` 函數對該範圍的變更而變化。此處並未使用隔離範圍與嵌入，而將父範圍作為 `scope` 參數，因此 `link` 函數便寫入父範圍的模型。HTML 的輸出透露出樣板是由 index.html 標記所提供，且 `link` 函數是範圍的最終修改之處，進而改寫父控制器所設定的原始值。

延伸閱讀

- 「前導指令樣板」一節說明前導指令如何套用外部範圍到嵌入的樣板中。

- 「隔離範圍」一節說明如何從前導指令的父範圍解耦的細節。

- 「前導指令的嵌入」一節展示前導指令如何處理範圍裡的應用程式，並內插至既有的巢狀內容。

前導指令樣板

前導指令會經常地載入由外部所定義的 HTML 樣板。因此在使用這些樣板之前，必須先了解正確的管理方式、它們與前導指令父範圍的互動方式，以及如何與巢狀內容互動等等。

準備工作

假設應用程式具備底下的骨幹：

```
(index.html – 編譯前)

<div ng-app="myApp">
  <div ng-controller="MainCtrl">
    <my-directive>
      Stuff inside
    </my-directive>
  </div>
</div>

(app.js)

angular.module('myApp', [])
.controller('MainCtrl', function ($scope) {
  $scope.overwrite = false;
  $scope.origin = 'parent controller';
});
```

開始進行

接著引進如下的樣板：

```
(index.html - 編譯前)

<div ng-app="myApp">
  <div ng-controller="MainCtrl">
    <my-directive>
      Stuff inside
    </my-directive>
  </div>

  <script type="text/ng-template" id="my-directive.html">
    <div>
      <p>Directive template</p>
      <p>Scope from {{origin}}</p>
      <p>Overwritten? {{overwrite}}</p>
    </div>
  </script>
</div>

(app.js)

angular.module('myApp', [])
.controller('MainCtrl', function ($scope) {
  $scope.overwrite = false;
  $scope.origin = 'parent controller';
})
.directive('myDirective', function() {
  return {
    restrict: 'E',
    replace: true,
    templateUrl: 'my-directive.html',
    link: function (scope) {
      scope.overwrite = !!scope.origin;
      scope.origin = 'link function';
    }
  };
});
```

前述程式便會編譯前導指令元素為如下的內容：

```
(index.html - 編譯後)

<div>
  <p>Directive template</p>
```

```
  <p>Scope from link function</p>
  <p>Overwritten? true</p>
</div>
```

 提示

JSFiddle: http://jsfiddle.net/msfrisbie/cojb59b1/

這是如何運作的？

前導指令繼承了來自MainCtrl的父範圍，後者接著作為link函數的scope參數。插入的前導指令樣板取代了<my-directive>標籤及其內容，不過樣板的HTML仍然由繼承的範圍所控制。link函數能夠修改父範圍，就好比是隸屬於前導指令一般。換句話說，本例中的連結範圍與控制器範圍是相同的物件。

延伸閱讀

■ 「前導指令範圍的繼承」一節提供了一些基礎知識，可讓前導指令包含父範圍。

■ 「隔離範圍」一節說明如何從前導指令的父範圍解耦的細節。

■ 「前導指令的嵌入」一節展示前導指令如何處理範圍裡的應用程式，並內插至既有的巢狀內容。

隔離範圍

通常，我們會發現應用程式的某處不應繼承前導指令的父範圍。為了避免繼承關係，並且為前導指令建立一個空白且乾淨的範圍，便可以利用隔離範圍來達成。

準備工作

假設應用程式具備底下的骨幹：

```
(index.html - 編譯前)

<div ng-app="myApp">
  <div ng-controller="MainCtrl">
    <my-directive>
      Stuff inside
```

```
      </my-directive>
  </div>

<script type="text/ng-template" id="my-directive.html">
  <div>
    <p>Directive template</p>
    <p>Scope from {{origin}}</p>
    <p>Overwritten? {{overwrite}}</p>
  </div>
</script>
</div>

(app.js)

angular.module('myApp', [])
.controller('MainCtrl', function ($scope) {
  $scope.overwrite = false;
  $scope.origin = 'parent controller';
});
```

開始進行

以空物件常值來指派隔離範圍給前導指令，如下所示：

```
(app.js)

.directive('myDirective', function() {
  return {
    templateUrl: 'my-directive.html',
    replace: true,
    scope: {},
    link: function (scope) {
      scope.overwrite = !!scope.origin;
      scope.origin = 'link function';
    }
  };
});
```

編譯後的內容如下：

```
(index.html – 編譯後 )

<div>
  <p>Directive template</p>
  <p>Scope from link function</p>
  <p>Overwritten? false</p>
</div>
```

提示

JSFiddle: http://jsfiddle.net/msfrisbie/a2vmuhd3/

這是如何運作的？

前導指令建立了自己的範圍，然後再進行修改。父範圍維持不變，並且不會受到前導指令 link 函數的影響。

延伸閱讀

- 「前導指令範圍的繼承」一節提供了一些基礎知識，可讓前導指令包含父範圍。
- 「前導指令樣板」一節說明前導指令如何套用外部範圍到嵌入的樣板中。
- 「前導指令的嵌入」一節展示前導指令如何處理範圍裡的應用程式，並內插至既有的巢狀內容。

前導指令的嵌入

嵌入（transclusion）是 AngularJS 一種相對簡單的概念，但當混合了前導指令與範圍繼承的複雜性之後，其單純性便會受到影響。前導指令的嵌入經常應用於以下狀況：前導指令需要繼承父範圍、管理巢狀式 HTML，或者二者皆是時。

開始進行

組合嵌入所需的所有片段後，內容如下：

```
(index.html - 編譯前)

<div ng-app="myApp">
  <div ng-controller="MainCtrl">
    <my-directive>
      <p>HTML template</p>
      <p>Scope from {{origin}}</p>
      <p>Overwritten? {{overwrite}}</p>
    </my-directive>
  </div>

  <script type="text/ng-template" id="my-directive.html">
```

```
    <ng-transclude></ng-transclude>
  </script>
</div>

(app.js)

angular.module('myApp', [])
.controller('MainCtrl', function ($scope) {
  $scope.overwrite = false;
  $scope.origin = 'parent controller';
})
.directive('myDirective', function() {
  return {
    restrict: 'E',
    templateUrl: 'my-directive.html',
    scope: {},
    transclude: true,
    link: function (scope) {
      scope.overwrite = !!scope.origin;
      scope.origin = 'link function';
    }
  };
});
```

接著會編譯成底下的內容：

```
(index.html – 編譯後)

<p>HTML template</p>
<p>Scope from parent controller</p>
<p>Overwritten? false</p>
```

在前導指令的樣板裡，`ng-transclude`通知`$compile`準備以前導指令的原始HTML
來取代指定元素的內容。此外，使用嵌入代表父範圍仍會在內插的HTML中被前導指令
使用。

若想更清楚地了解使用嵌入的最主要原因，請小幅修改`my-directive.html`前導指
令樣板，以便檢閱其效果，如下所示：

```
(index.html – 編譯前)

<script type="text/ng-template" id="my-directive.html">
  <ng-transclude></ng-transclude>
  <hr />
  <p>Directive template</p>
```

```
    <p>Scope from {{origin}}</p>
    <p>Overwritten? {{overwrite}}</p>
</script>
```

接著會編譯成底下的內容：

```
(index.html - 編譯後)

<p>HTML template</p>
<p>Scope from parent controller</p>
<p>Overwritten? false</p>
<hr />
<p>Directive template</p>
<p>Scope from link function</p>
<p>Overwritten? false</p>
```

 提示

JSFiddle: http://jsfiddle.net/msfrisbie/1a11d3mk/

這是如何運作的？

現在應該十分清楚使用嵌入後，前導指令內部到底發生了什麼事。前導指令樣板由 link 函數（必須使用隔離範圍）控制，而原有封裝的 HTML 樣板則維持和父範圍的關係，不受前導指令的干擾。

延伸閱讀

■ 「前導指令範圍的繼承」一節提供了一些基礎知識，可讓前導指令包含父範圍。

■ 「前導指令樣板」一節說明前導指令如何套用外部範圍到嵌入的樣板中。

■ 「隔離範圍」一節說明如何從前導指令的父範圍解耦的細節。

遞迴的前導指令

當採用一種較笨重的資料格式時，也可以有效發揮前導指令的威力。考慮底下的情況：若存在一個身處某種遞迴式樹狀結構的 JavaScript 物件，為該物件產生的可見區域必須反映其遞迴性，同時須建立符合底層資料結構的巢狀 HTML 元素。

準備工作

假設控制器有一個遞迴的資料物件，如下所示：

```
(app.js)

angular.module('myApp', [])
.controller('MainCtrl', function($scope) {
  $scope.data = {
    text: 'Primates',
    items: [
      {
        text: 'Anthropoidea',
        items: [
          {
            text: 'New World Anthropoids'
          },
          {
            text: 'Old World Anthropoids',
            items: [
              {
                text: 'Apes',
                items: [
                  {
                    text: 'Lesser Apes'
                  },
                  {
                    text: 'Greater Apes'
                  }
                ]
              },
              {
                text: 'Monkeys'
              }
            ]
          }
        ]
      },
      {
        text: 'Prosimii'
      }
    ]
  };
});
```

開始進行

如同我們所預期的，無論是反覆地建構出可見區域或者部份地利用前導指令，其結果都會快速地變成一團混亂。相反的，若能建立一個遞迴且能夠拆解資料的前導指令，並且能夠清楚地定義及產出子HTML片段，這種做法會更好。藉由巧妙地利用前導指令及 $compile服務，便有可能準確達到前述的功能。

在這種情境下，理想的前導指令是能夠處理遞迴物件，毋須任何額外的參數，或者藉由外部的協助剖析及產出物件。因此，主要可見區域的前導指令就會像是：

```
<recursive value="nestedObject"></recursive>
```

這個前導指令會接收一個隔離範圍，並利用「=」字符繫結到父範圍物件。當前導指令沿著遞迴物件向下時，便仍然能夠維持相同的結構。

$compile 服務

注入 $compile服務的目的是讓遞迴的前導指令能夠運作。這麼做的原因是讓前導指令的每個級別都能實例化其內的前導指令，並將未編譯的樣板轉換成真實的DOM物件。

angular.element() 方法

angular.element()方法可以想成是jQuery的$()，它會接收一個字串樣板或DOM片段，然後返回一個可依需求修改、插入或編譯的jqLite物件。初始化應用程式時，如果jQuery程式庫也存在，那麼AngularJS將以此取代jqLite。倘若是採用AngularJS的樣板快取，則擷取的樣板便已存在，就好像是在樣板文字上呼叫angular.element()方法一般。

$templateCache

前導指令內部能夠以angular.element()與類似underscore.js樣板的HTML字串建立樣板。然而，和AngularJS樣板相較之下，這種做法十分笨拙且完全不必要。以AngularJS宣告及註冊樣板後，便可透過注入的$templateCache來存取，其結構為「鍵-值」的組合。

遞迴樣板如下所示：

```html
<script type="text/ng-template" id="recursive.html">
  <span>{{ val.text }}</span>
  <button ng-click="delSubtree()">delete</button>
  <ul ng-if="isParent" style="margin-left:30px">
    <li ng-repeat="item in val.items">
      <tree val="item" parent-data="val.items"></tree>
    </li>
  </ul>
</script>
```

節點的每個實例都有<span>和<button>元素，它們代表該節點的資料，以及點擊事件（定義於後文）的介面，此事件會銷毀自己及其子系。

接著只有在範圍內有設定isParent旗標的情況下，才會產出<ul>元素；它於項目陣列內反覆進行、遞迴取出子資料，並且建立前導指令的新實例。底下是前導指令的完整樣板定義：

```html
<tree val="item" parent-data="val.items"></tree>
```

不只是前導指令接收了區域節點資料的val屬性，此外還有個parent-data，這能夠間接指出範圍中的樹狀結構。為了更清楚地了解其概念，請瀏覽底下的前導指令程式碼：

```js
(app.js)

.directive('tree', function($compile, $templateCache) {
  return {
    restrict: 'E',
    scope: {
      val: '=',
      parentData: '='
    },
    link: function(scope, el, attrs) {
      scope.isParent = angular.isArray(scope.val.items)
      scope.delSubtree = function() {
        if(scope.parentData) {
          scope.parentData.splice(
            scope.parentData.indexOf(scope.val), 1
          );
        }
        scope.val={};
      }
      el.replaceWith(
```

```
      $compile(
        $templateCache.get('recursive.html')
      )(scope)
    );
    }
  };
});
```

如果將本節一開始曾提及的資料物件提供給這個前導指令，便會產生以下結果（這裡不包括 AngularJS 自動加入的註解與前導指令）：

```
(index.html - 編譯前)

<div ng-app="myApp">
  <div ng-controller="MainCtrl">
    <tree val="data"></tree>
  </div>

  <script type="text/ng-template" id="recursive.html">
    <span>{{ val.text }}</span>
    <button ng-click="deleteSubtree()">delete</button>
    <ul ng-if="isParent" style="margin-left:30px">
      <li ng-repeat="item in val.items">
        <tree val="item" parent-data="val.items"></tree>
      </li>
    </ul>
  </script>
</div>
```

前導指令樣板的遞迴特性啟用了巢狀結構，當封裝於控制器內的遞迴資料物件被編譯時，將產生底下的 HTML：

```
(index.html - 編譯後)

<div ng-controller="MainController"> <span>Primates</span>
  <button ng-click="delSubtree()">delete</button>
  <ul ng-if="isParent" style="margin-left:30px">
    <li ng-repeat="item in val.items">
      <span>Anthropoidea</span>
      <button ng-click="delSubtree()">delete</button>
      <ul ng-if="isParent" style="margin-left:30px">
        <li ng-repeat="item in val.items">
          <span>New World Anthropoids</span>
          <button ng-click="delSubtree()">delete</button>
        </li>
        <li ng-repeat="item in val.items">
```

```
      <span>Old World Anthropoids</span>
      <button ng-click="delSubtree()">delete</button>
      <ul ng-if="isParent" style="margin-left:30px">
        <li ng-repeat="item in val.items">
          <span>Apes</span>
          <button ng-click="delSubtree()">delete</button>
          <ul ng-if="isParent" style="margin-left:30px">
            <li ng-repeat="item in val.items">
              <span>Lesser Apes</span>
              <button ng-click="delSubtree()">delete</button>
            </li>
            <li ng-repeat="item in val.items">
              <span>Greater Apes</span>
              <button ng-click="delSubtree()">delete</button>
            </li>
          </ul>
        </li>
        <li ng-repeat="item in val.items">
          <span>Monkeys</span>
          <button ng-click="delSubtree()">delete</button>
        </li>
      </ul>
    </li>
  </ul>
  </li>
  <li ng-repeat="item in val.items">
    <span>Prosimii</span>
    <button ng-click="delSubtree()">delete</button>
  </li>
  </ul>
</div>
```

 提示

JSFiddle: http://jsfiddle.net/msfrisbie/ka46yx4u/

這是如何運作的？

利用巢狀前導指令定義隔離範圍後，全部或部分的遞迴物件便能以 parentData 繫結到適當的前導指令實例，而且維持由前導指令階層提供的連通性。當刪除某個父節點時，下層的前導指令仍會繫結到此資料物件，並透過傳播方式乾淨地清除。

當然，前導指令最主要及最重要的部分是 link 函數。此處的 link 函數決定該節點是否有任何的子節點（簡單地檢查區域資料節點內的陣列是否存在），接著宣告刪除方法、從遞迴物件移除相關的部分，並且清理區域節點。直到此時都還沒有任何的遞迴呼叫，而且也不應該有。如果有正確地建構前導指令的話，AngularJS 的資料繫結以及內部的樣板管理將負責樣板的清理工作。因此接著便是 link 函數的最終內容：

```
el.replaceWith(
  $compile(
    $templateCache.get('recursive.html')
  )(scope)
);
```

回想一下 link 函數，第二個參數是前導指令所連結的 DOM 物件（封裝於 jqLite）——即此處的 <tree> 元素。該元素代表 jQuery 物件方法的子集合，其中包括前文所使用的 replaceWith()。前導指令最上層的實例將以遞迴式定義的樣板取代，並依樹狀結構往下傳遞。

此時應能理解遞迴結構是如何組織在一起，元素參數需以遞迴式編譯後的樣板取代，因此必須採用 $compile 服務。此服務會接收一個樣板參數，然後再返回一個函數，該函數在呼叫時會包含前導指令 link 函數的目前範圍。而樣板會透過 recursive.html 鍵從 $templateCache 取出，接著便進行編譯。當編譯器讀取到 <tree> 的前導指令時，遞迴前導指令便知道要往遞迴物件一路探勘資料下去。

還有更多

本節示範了利用前導指令轉換複雜的資料物件成為大型 DOM 物件的威力。相關部分都能拆解成獨立的樣板，再由分散式的前導指令邏輯處理，最後則以優雅的方式結合在一起，以便大幅提高模組化和可重用性。

延伸閱讀

■ 「選擇性的巢狀前導指令控制器」一節涵蓋前導指令之間的垂直溝通（透過其控制器物件）。

第 2 章

以過濾器和
服務類型擴充工具集

本章涵蓋以下內容：

■ 使用 uppercase 與 lowercase 過濾器

■ 使用 number 與 currency 過濾器

■ 使用 date 過濾器

■ 以 json 過濾器偵錯

■ 在樣板外部使用資料過濾器

■ 使用內建的搜尋過濾器

■ 串接過濾器

■ 建立自訂的資料過濾器

■ 建立自訂的搜尋過濾器

■ 以自訂的比較器進行篩選

■ 從頭開始建立搜尋過濾器

■ 從頭開始建立自訂的搜尋過濾器運算式

■ 使用服務值與常數

■ 使用服務工廠

■ 使用服務

■ 使用服務提供器

■ 使用服務裝飾器

簡介

本章將學習如何在應用程式中有效地利用 AngularJS 的過濾器（filter）和服務。有關程式碼的重用、抽象化與資源使用等，服務類型都是相當重要的工具。然而，過濾器就經常被入門課程棄置一旁，它們不被認為是學習框架不可或缺的基礎。對過濾器來說，這一點十分可惜，因為它讓我們能夠抽象化以及俐落地劃分應用程式的大量功能。

AngularJS 的所有過濾器在經過它們的資料上皆完成相同類別的操作，但將過濾器視為偽二分法內的上下文，似乎更容易理解。其中有兩種類型：資料過濾器與搜尋過濾器。

從較高層級來看，AngularJS 的資料過濾器僅是在樣板中調製 JavaScript 物件的工具。而另一方面，搜尋過濾器能夠依據所定義的準則，從枚舉集合中找出相符的元素。它們應被視為樣板中的「黑箱」修改器 —— 定義良好的間接層可避免程式範圍和資料剖析函數混雜在一起。這兩類過濾器都能讓 HTML 標記更容易宣告，同時讓程式碼符合 DRY 原則。

服務類型能夠被視為是可注入的單件（singleton）類別，用於應用程式中，目的是容納實用的功能，並且維護狀態。AngularJS 的服務類型可能會是值、常數、工廠、服務或提供器等。

雖然過濾器和服務的使用方式截然不同，但熟練的開發者在抽象化程式碼時，都能善用這兩種強大的工具。

使用 uppercase 與 lowercase 過濾器

兩個最基本的內建過濾器是 uppercase（大寫）與 lowercase（小寫），使用方式詳述於後文。

開始進行

假設應用程式定義了下列控制器：

```
(app.js)

angular.module('myApp', [])
.controller('Ctrl', function ($scope) {
```

```
    text: 'The QUICK brown Fox JUMPS over The LAZY dog',
    nums: '0123456789',
    specialChars: '!@#$%^&*()',
    whitespace: ' '
  };
});
```

接著就能在樣板中藉助管線(|)運算子傳遞到過濾器,如下所示:

```
 (index.html)

<div ng-app="myApp">
  <div ng-controller="Ctrl">
    <p>{{ data.text | uppercase }}</p>
    <p>{{ data.nums | uppercase }}</p>
    <p>{{ data.specialChars | uppercase }}</p>
    <p>_{{ data.whitespace | uppercase }}_</p>
  </div>
</div>
```

產出的內容如下:

```
THE QUICK BROWN FOX JUMPS OVER THE LAZY DOG
0123456789
!@#$%^&*()
_ _
```

同樣的,lowercase過濾器也能比照相同的方式使用:

```
(index.html)

<div ng-app="myApp">
  <div ng-controller="Ctrl">
    <p>{{ data.text | lowercase }}</p>
    <p>{{ data.nums | lowercase }}</p>
    <p>{{ data.specialChars | lowercase }}</p>
    <p>_{{ data.whitespace | lowercase }}_</p>
  </div>
</div>
```

產出的內容如下:

```
the quick brown fox jumps over the lazy dog
0123456789
!@#$%^&*()
_ _
```

提示

JSFiddle: http://jsfiddle.net/msfrisbie/vcuvxrom/

這是如何運作的？

基本上 uppercase 與 lowercase 過濾器是簡單的 AngularJS 封裝器，它採用 JavaScript 中原生的字串方法 toUpperCase() 和 toLowerCase()。進行適當的替換時，這些過濾器將忽略數值字元、特殊字元以及空格。

還有更多

由於過濾器只是封裝了 JavaScript 的原生方法，因此幾乎可以肯定不會應用到樣板之外。它們的主要用途是在樣板中被呼叫，並且串接自身以及其他所需的過濾器。舉例來說，如果存在一個要求字串完全相符的搜尋過濾器，那麼在傳送到搜尋比較器之前，或許會想要先將字串丟給 lowercase 過濾器去轉換成小寫字母。

延伸閱讀

■ 「串接過濾器」一節示範如何使用 lowercase 過濾器結合其他的過濾器。

使用 number 與 currency 過濾器

AngularJS 也有一些略微複雜的內建過濾器，像是 number（數值）與 currency（貨幣），用來格式化數值為一般的字串。它們也能接收一些額外的引數，以便進一步自訂過濾器的運作方式。

準備工作

假設應用程式定義了下列控制器：

```
(app.js)

angular.module('myApp', [])
.controller('Ctrl', function ($scope) {
```

```
  $scope.data = {
    bignum: 1000000,
    num: 1.0,
    smallnum: 0.9999,
    tinynum: 0.0000001
  };
});
```

開始進行

可於樣板套用 number 過濾器，如下所示：

```
(index.html)

<div ng-app="myApp">
  <div ng-controller="Ctrl">
    <p>{{ data.bignum | number }}</p>
    <p>{{ data.num | number }}</p>
    <p>{{ data.smallnum | number }}</p>
    <p>{{ data.tinynum | number }}</p>
  </div>
</div>
```

產出的內容如下：

```
1,000,000
1
1.000
1e-7
```

結果看起來似乎有點反覆無常，不過倒也展示了過濾器的另一個面向，亦即引數。過濾器能夠接受特定引數來進一步自訂其輸出，例如 number 過濾器可接受 fractionSize 引數，以便定義捨入的小數位數，預設值為 3。如下所示：

```
(index.html)

<div ng-app="myApp">
  <div ng-controller="Ctrl">
    <!-- 資料 | number 過濾器：小數位數（選擇性） -->
    <p>{{ data.smallnum | number : 4 }}</p>
    <p>{{ data.tinynum | number: 7 }}</p>
    <p>{{ 012345.6789 | number : 2 }}</p>
  </div>
</div>
```

產出的內容如下：

```
0.9999
0.0000001
12,345.68
```

AngularJS 的另一個 currency（貨幣）過濾器可接收一個選擇性的 symbol（符號）引數：

```
(index.html)

<div ng-app="myApp">
  <div ng-controller="Ctrl">
    <!-- 資料 | currency 過濾器：符號（選擇性） -->
    <p>{{ 1234.56 | currency }}</p>
    <p>{{ 0.02 | currency }}</p>
    <p>{{ 45682.78 | currency : "&#8364;" }}</p>
  </div>
</div>
```

產出的內容如下：

```
$1,234.56
$0.02
€45,682.78
```

 提示

JSFiddle: http://jsfiddle.net/msfrisbie/Lcb33vnz/

這是如何運作的？

JavaScript 有一種 64 位元雙精準度浮點數的數值格式。這些 AngularJS 過濾器藉由檢查傳入的數值，並決定如何適當地轉換為字串來格式化原先的數字格式。number 過濾器能夠處理四捨五入、捨去以及負指數的壓縮，它也能夠選擇性接收 fractionSize 引數，好讓我們依需求自訂過濾器，大幅增進過濾器的效用。currency 過濾器則處理指定貨幣符號的四捨五入並增添指定的符號，它能夠接收選擇性的 symbol 引數，用來插入指定的符號到格式化的數值之前。

還有更多

這些過濾器本質上有利用到$locale服務,藉此提供適當的引數預設值(例如,在使用美元的區域提供$字元給currency過濾器,以及日期的排序等等)。該服務突顯出了AngularJS的部份任務,也就是作為可自動化處理區域設定的一款框架。

延伸閱讀

■ 「串接過濾器」一節示範如何使用前述過濾器結合其他的過濾器。

使用date過濾器

date(日期)過濾器是一種十分強大並且可自訂的過濾器,用來處理許多不同類型的原始日期字串,然後轉換成人們可讀的格式。當伺服器想要將日期時間交由客戶端處理,並且想要傳遞的是UNIX時間戳記或ISO日期時,這種機制特別有用。

準備工作

假設控制器是設定為底下的形式:

```
(app.js)

angular.module('myApp', [])
.controller('Ctrl', function ($scope) {
  $scope.data = {
    unix: 1394787566535,
    iso: '2014-03-14T08:59:26Z',
    date: new Date(2014, 2, 14, 1, 59, 26, 535)
  };
});
```

開始進行

所有的日期格式都能由樣板內的date過濾器適當地進行處理,如下所示:

```
(index.html)

<div ng-app="myApp">
  <div ng-controller="Ctrl">
    <p>{{ data.unix | date }}</p>
    <p>{{ data.iso | date }}</p>
```

```
    <p>{{ data.date | date }}</p>
  </div>
</div>
```

產出的內容如下：

```
Mar 14, 2014
Mar 14, 2014
Mar 14, 2014
```

date 過濾器的可自訂程度極高，可以進一步產生各種日期與時間格式：

```
(index.html)

<div ng-app="myApp">
  <div ng-controller="Ctrl">
    <!-- AngularJS 會比對運算式元件與日期時間元件，然後輸出指定格式 -->
    <p>{{ data.unix | date : "EEEE 'at' H:mma" }}</p>
    <p>{{ data.iso | date : "longDate" }}</p>
    <p>{{ data.date | date : "M/d H:m:s.sss" }}</p>
  </div>
</div>
```

上述程式碼使用多種不同的 date 過濾器語法從日期時間中取出元素，然後組合成輸出字串，樣板位於選擇性的格式引數中。產出的結果如下所示：

```
Friday at 1:59AM
March 14, 2014
3/14 1:59:26.535
```

 提示

JSFiddle: http://jsfiddle.net/msfrisbie/mvdqfv5z/

這是如何運作的？

date 過濾器封裝了一組十分強大且複雜的正規運算式，用來剖析傳入的字串成為一般的 JavaScript date 物件。接著拆解該物件，然後依照過濾器的引數語法塑造成所需的字串格式。

提示

https://docs.angularjs.org/api/ng/filter/date 網址內的 AngularJS 文件提供了 data 過濾器

所有可能的輸出入格式。

還有更多

date 過濾器提供兩種間接級別：轉換成不同的日期時間格式，以及轉換成人們可讀的

格式。請注意，如果未指定時區，則預設為當地時區，本例為太平洋夏令時間（UTC -

7），由 $locale 服務提供。

以 json 過濾器偵錯

AngularJS 提供了一種 JSON 轉換工具，也就是 json 過濾器，其作用是序列化 JavaScript

物件為 JSON 程式碼。對正式環境的應用程式而言，這個過濾器不太派得上用場，因為

它主要是用於即時檢測範圍物件。

準備工作

假設控制器的 user 資料物件是設定為如下內容：

```
(app.js)

angular.module('myApp', [])
.controller('Ctrl', function ($scope) {
  $scope.user = {
    id: 123,
    name: {
      first: 'Jake',
      last: 'Hsu'
    },
    username: 'papatango',
    friendIds: [5, 13, 3, 1, 2, 8, 21],
    // 帶有 $$ 前置字元的屬性將被排除
    $$no_show: 'Hide me!'
  };
});
```

開始進行

樣板內的 user 物件能被序列化，如下所示：

```html
(index.html)

<div ng-app="myApp">
  <div ng-controller="Ctrl">
    <pre>{{ user | json }}</pre>
  </div>
</div>
```

輸出結果為 HTML 格式，如下所示：

```
{
  "id": 123,
  "name": {
    "first": "Jake",
    "last": "Hsu"
  },
  "username": "papatango",
  "friendIds": [
    5,
    13,
    3,
    1,
    2,
    8,
    21
  ]
}
```

提示

JSFiddle: http://jsfiddle.net/msfrisbie/yk0zxc9b/

這是如何運作的？

json 過濾器僅僅是封裝了 JavaScript 的 JSON.stringify() 方法，以便提供一種簡單的方法吐出檢驗後的格式化物件。當已過濾的物件送入 <pre> 標籤後，JSON 字串將正確地縮排到產出的樣板中。帶有 $$ 前置字元的屬性則會被序列器忽略，因為該符號只使用於 AngularJS 內部做為私有的識別。

還有更多

由於 AngularJS 允許我們進行雙向的資料繫結,因此當應用程式的若干互動使得該物件有所變化時,樣板便能夠即時更新過濾物件;這對偵錯十分有幫助。

在樣板外部使用資料過濾器

過濾器是為了處理樣板中的資料而生,因此即少在樣板外部使用。儘管如此,AngularJS 仍允許我們透過 $filter 的注入使用過濾器的功能。

準備工作

假設應用程式的內容如下:

```
(app.js)

angular.module('myApp', [])
.controller('Ctrl', function ($scope) {
  $scope.val = 1234.56789;
});
```

開始進行

可見區域樣板中的引數順序如下所示:

```
資料 | 過濾器 : 選擇性的引數
```

以本例來說,樣板會採用以下形式:

```
<p>{{ val | number : 4 }}</p>
```

接著產生下列結果:

```
1,234.5679
```

在本例中,套用過濾器至可見區域樣板是最乾淨的方式,其目的只是為了可讀性而格式化數值。然而,如果控制器需要使用 number 過濾器,則可依下列方式注入 $filter:

```
(app.js)

angular.module('myApp', [])
```

```
.controller('Ctrl', function ($scope, $filter) {
  $scope.val = 1234.56789;
  $scope.filteredVal = $filter('number')($scope.val, 4);
});
```

如此一來，$scope.val 與 $scope.filteredVal 的值便完全一樣了。

 提示

JSFiddle: http://jsfiddle.net/msfrisbie/9bzu85uu/

這是如何運作的？

雖然前述語法和樣板中所見的十分不一樣，但透過一個被注入相依性的過濾器，其功能完全和可見區域樣板中的相同。兩種格式皆會呼叫同樣的過濾器方法，並且產生一致的輸出結果。

還有更多

雖然透過注入 $filter 的方式使用過濾器並沒有任何問題，但語法看起來卻十分古怪與冗長，過濾器不是真正設計成此種用途。AngularJS 的用意是建立出宣告式的樣板，而這正是資料過濾器貢獻給樣板的 —— 輕量與彈性的模組化功能，藉以清理及組織資料。

在樣板外部使用過濾器的一項主要用例是：以一或多個現有的過濾器建立自訂過濾器。例如，想要在自訂過濾器中採用 currency 過濾器，然後根據金額是否大於或小於 $1.00，來決定使用 $ 或 ¢ 前置字元。

使用內建的搜尋過濾器

搜尋過濾器可用來對枚舉物件內的個別元素進行求值，然後返回其篩選結果。過濾器回傳的值也是一個枚舉集合，其內部可能移除了部分、全部或者零個原始值。AngularJS 提供了豐富的方式來篩選枚舉物件。

準備工作

搜尋過濾器會回傳枚舉物件的子集合，因此在控制器內準備一個簡單的字串陣列，如下
所示：

```
(app.js)

angular.module('myApp', [])
.controller('Ctrl', function ($scope) {
  $scope.users = [
    'Albert Pai',
    'Jake Hsu',
    'Jack Hanford',
    'Scott Robinson',
    'Diwank Singh'
  ];
});
```

開始進行

樣板會比照資料過濾器的方式使用預設的搜尋過濾器，並且使用了管線（|）運算子。它
需要一個強制性的引數，亦即過濾器即將比較的物件。

測試搜尋過濾器最簡單的方式是將輸入欄位與一個模型聯繫在一起，然後以該模型作為
搜尋過濾器的引數，如下所示：

```
(index.html)

<div ng-app="myApp">
  <div ng-controller="Ctrl">
    <input type="text" ng-model="search.val" />
  </div>
</div>
```

接著搜尋過濾器就能套用此模型至枚舉的資料物件，此過濾器最常見的應用是置於 ng-
repeat 運算式：

```
(index.html)

<div ng-app="myApp">
  <div ng-controller="Ctrl">
    <input type="text" ng-model="search.val" />
    <p ng-repeat="user in users | filter : search.val">
```

```
      {{ user }}
    </p>
  </div>
</div>
```

輸入「ja」將返回以下結果：

```
Jake Hsu
Jack Hanford
```

輸入「s」將返回以下結果：

```
Jake Hsu
Scott Robinson
Diwank Singh
```

輸入「a」則將返回以下結果：

```
Albert Pai
Jake Hsu
Jack Hanford
Diwank Singh
```

 提示

JSFiddle: http://jsfiddle.net/msfrisbie/h1dbover/

這是如何運作的？

完成以上設定後，`search.val` 模型內的字串（不分大小寫）就會和枚舉物件的每個元素一一比對，並且只返回相符的部分。由於這項轉換是發生在物件傳遞給重複器之前，因此結合過濾器與 AngularJS 的資料繫結機制，便能以最小的開銷完成一套具備高度即時性、並且由瀏覽器執行的篩選系統。

延伸閱讀

■ 「串接過濾器」一節示範如何使用字串搜尋過濾器結合 AngularJS 既有的字串調製過濾器。

■ 「以自訂的比較器篩選」一節示範如何進一步自訂枚舉集合和參照物件的比較方式。

串接過濾器

由於AngularJS的搜尋過濾器是返回傳入物件的子集，因此將這些過濾器串接在一起是有可能的。

當篩選枚舉物件時，AngularJS提供了兩種內建的枚舉過濾器，分別是limitTo與orderBy，兩者經常會與搜尋過濾器搭配使用。

準備工作

假設應用程式有一個控制器，內含一個姓名字串的物件陣列，如下所示：

```
(app.js)

angular.module('myApp', [])
.controller('Ctrl', function ($scope) {
  $scope.users = [
    {name: 'Albert Pai'},
    {name: 'Jake Hsu'},
    {name: 'Jack Hanford'},
    {name: 'Scott Robinson'},
    {name: 'Diwank Singh'}
  ];
});
```

此外，假設應用程式的樣板設置如下：

```
(index.html)
<div ng-app="myApp">
  <div ng-controller="Ctrl">
    <input type="text" ng-model="search.val" />
    <!-- 針對 search.val 進行重複的篩選 -->
    <p ng-repeat="user in users | filter : search.val">
      {{ user.name }}
    </p>
  </div>
</div>
```

開始進行

在第一個過濾器之後串接其他過濾器的語法相當單純，亦即加上管線(|)運算子、過濾器名稱及引數。底下是應用limitTo過濾器至比對結果的相關設定：

```
(index.html)

<p ng-repeat="user in users | filter : search.val | limitTo: 2">
  {{ user.name }}
</p>
```

搜尋「h」將返回以下結果：

```
Jake Hsu
Jack Hanford
```

接著再串接另一個 orderBy 過濾器，目的是要排序陣列，如下所示：

```
(index.html)

<p ng-repeat="user in users | filter : search.val |
 orderBy: 'name' |limitTo : 2">
  {{ user.name }}
</p>
```

搜尋「h」將返回以下結果：

```
Diwank Singh
Jack Hanford
```

提示

JSFiddle: http://jsfiddle.net/msfrisbie/ht3hfLrt/

這是如何運作的？

AngularJS 的搜尋過濾器是由會返回布林值的函數所組成，並輸出最終的篩選結果。以前述程式的基本字串陣列來說，過濾器只是執行簡單、不區分大小寫的子字串比對作業，關鍵字則是來自於繫結到 <input> 標籤的特定模型。

隨後串接的 orderBy 與 limitTo 過濾器也接收了枚舉物件作為引數，接著執行額外的動作。前例的過濾器首先縮減字串陣列為子集合陣列，接著傳遞給 orderBy 過濾器。此過濾器再根據所提供的運算式條件來排列子集合陣列，由於該引數為字串，因此會按

照字母順序排列。然後將排序後的陣列再送至 limitTo 過濾器，它會截斷字串陣列的
結果，只回傳引數中指定的筆數。

還有更多

值得一提的是，串接的 AngularJS 過濾器不一定能對調位置；由於是依序求值，因此過
濾器的順序十分重要。以前例來說，如果對調串接過濾器的順序（原本是 limitTo 接
在 orderBy 之後），就會先截斷子集合字串陣列，然後才進行排序。正確的思考方式是
聯想成巢狀函數 —— 就好比 foo(bar(x)) 和 bar(foo(x)) 的結果會明顯不同，所以
x | foo | bar 的結果也不會和 x | bar | foo 一樣。

建立自訂的資料過濾器

有時候 AngularJS 所提供的資料過濾器不足以滿足需求，所以會需要建立自己的資料過
濾器。舉例來說，假設應用程式頁面的某個區域受限於固定的尺寸大小，可是卻包含數
量不固定的文字，那麼可能就會想要截斷該文字，以保證絕對能填入至有限的空間內。
沒錯！可以想見，自訂過濾器正適合這項任務。

開始進行

這個自訂的過濾器會接收一個字串引數，然後返回另一個字串。現在先將目標設定為截
斷字串為 100 個字元，並於截斷點加上省略符號（…）：

```
(app.js)

angular.module('myApp', [])
.filter('simpletruncate', function () {
  // 文字參數
  return function (text) {
    var truncated = text.slice(0, 100);
    if (text.length > 100) {
      truncated += '...';
    }
    return truncated;
  };
});
```

接著套用於樣板中，如下所示：

```
(index.html)

<div ng-app="myApp">
  <div ng-controller="Ctrl">
    <p>{{ myText | simpletruncate }}</p>
  </div>
</div>
```

本過濾器運作良好，但感覺有點脆弱。除了預設為 100 個字元、加上省略符號外，應該要能接受未知類型的輸入、選擇性地定義應截斷為多少個字元，以及允許設定終止字元等。此外如果過濾器能總是在空白字元處截斷文字的話，或許是更好的做法：

```
(app.js)

angular.module('myApp', [])
.filter('regextruncate',function() {
  return function(text,limit,stoptext) {
    var regex = /\s/;
    if (!angular.isDefined(limit)) {
      limit = 100;
    }
    if (!angular.isDefined(stoptext)) {
      stoptext = '...';
    }
    limit = Math.min(limit,text.length);
    for(var i=0;i<limit;i++) {
      if(regex.exec(text[limit-i])
          && !regex.exec(text[(limit-i)-1])) {
        limit = limit-i;
        break;
      }
    }
    var truncated = text.slice(0, limit);
    if (text.length>limit) {
      truncated += stoptext;
    }
    return truncated;
  };
});
```

套用至樣板的方式如下：

```
(index.html)

<div ng-app="myApp">
  <div ng-controller="Ctrl">
    <p>{{ myText | regextruncate : 150 : '???' }}</p>
  </div>
</div>
```

 提示

JSFiddle: http://jsfiddle.net/msfrisbie/a4ez926f/

這是如何運作的？

最終版本的過濾器使用一個簡單且能夠偵測空白字元的正規運算式，來找出能夠截斷字串的適當位置。在設定了 limit 與 stoptext 的預設值之後，資料過濾器便向後遍覽相關的字串值，並搜尋空白字元後第一個非空白字元的位置。這便是截斷點，接著拆解字串，最後加上 stoptext 的內容再返回最終的文字片段。

這些過濾器範例並不會去修改模型，它們僅僅是和上下文無關的資料封裝器，目的是整齊地包裝模型資料為樣板能輕易處理的格式。模型所發生的任何異動都會觸發過濾器，以便隨時更新樣板的資料。所以過濾器的處理必須輕量化，因為它們會被頻繁地呼叫。

還有更多

應用程式內含豐富的資料過濾器，能讓我們清楚地劃分呈現層與資料模型。本節的示範僅針對基本的字串類型，但沒有理由不能擴充過濾器的邏輯，以便納入及處理更複雜的資料物件。

過濾器的目的是改良可讀性與重用性，因此若是能夠達到上述目的，便應該放手執行。

建立自訂的搜尋過濾器

AngularJS 的搜尋過濾器可直接使用，而且運作良好。不過很快就會出現想要加以自訂的欲望，是針對搜尋物件與枚舉集合的部分。此集合經常會由複雜的資料物件組成，簡單的字串比對並不足夠，尤其是當打算修改比對規則時。

資料物件的找尋，只要比照建立枚舉集合物件的相同方式來建立搜尋物件即可。

準備工作

舉例來說，假設控制器如下所示：

```
(app.js)

angular.module('myApp', [])
.controller('Ctrl', function($scope) {
  $scope.users = [
    {
      firstName: 'John',
      lastName: 'Stockton'
    },
    {
      firstName: 'Michael',
      lastName: 'Jordan'
    }
  ];
});
```

開始進行

找尋集合時，本例是將字串傳給搜尋過濾器，接著它會執行全域搜尋，如下所示：

```
(index.html)

<div ng-app="myApp">
  <div ng-controller="Ctrl">
    <input ng-model="search" />
    <p ng-repeat="user in users | filter:search">
      {{ user.firstName}} {{ user.lastName }}
    </p>
  </div>
</div>
```

提示

JSFiddle: http://jsfiddle.net/msfrisbie/ghsa3nym/

如果在輸入欄位敲入「jo」，便會同時返回「John Stockton」與「Michael Jordan」。倘若要求字串與物件進行比較時，AngularJS別無選擇，只能將字串和每個欄位一一比對，並將匹配的物件丟入到結果中。

相反的，如果只想要比較枚舉集合的特定屬性，那麼便可以進一步設定搜尋物件來針對特定的屬性內容，如下所示：

```
(index.html)

<div ng-app="myApp">
  <div ng-controller="Ctrl">
    <input ng-model="search.firstName" />
    <p ng-repeat="user in users | filter:search">
      {{ user.firstName}} {{ user.lastName }}
    </p>
  </div>
</div>
```

提示

JSFiddle: http://jsfiddle.net/msfrisbie/72qucbhp/

現在如果輸入「jo」的話，只會返回「John Stockton」。

以自訂的比較器進行篩選

若想進行精確比對，那麼普通的模糊篩選機制便會出現問題，因為預設的比較器是使用搜尋物件去比較集合物件內的子字串。反之，我們需要藉由一種方式，在參照物件和枚舉集合之間指定其他的匹配規則。

準備工作

假設控制器包含底下的資料物件：

```
(app.js)

angular.module('myApp', [])
.controller('Ctrl', function($scope) {
  $scope.users = [
    {
      firstName: 'John',
      lastName: 'Stockton',
      number: '12'
    },
    {
      firstName: 'Michael',
      lastName: 'Jordan',
      number: '23'
    },
    {
      firstName: 'Allen',
      lastName: 'Iverson',
      number: '3'
    }
  ];
});
```

開始進行

應用程式使用了兩個搜尋欄位，一個是姓名，而另一個則是數字。全域搜尋對於姓氏和名字還算有用，但在本例中進行數字的全域搜尋則沒有任何意義。

搜尋欄位建構如下：

```
(index.html)

<div ng-app="myApp">
  <div ng-controller="Ctrl">
    <input ng-model="search.$" />
    <input ng-model="search.number" />
    <p ng-repeat="user in users | filter:search">
      {{ user.firstName}} {{ user.lastName }}
    </p>
  </div>
</div>
```

第一個輸入欄位的 $ 符號，表示這裡是使用搜尋物件的整體而非特定屬性，因此不會
與其他使用特定搜尋屬性的欄位發生衝突。而第二個輸入欄位則明確使用集合內的
number 屬性。

正如所預期的一般，在執行該程式碼時，number 欄位依然會執行模糊搜尋，這可不是
我們所想要的結果。為了取得完全相符的搜尋結果，此過濾器能夠接收一個選擇性的比
較器引數，來指定比對的規則。傳入 true 值便代表啟用精確比對：

```
(index.html)

<div ng-app="myApp">
  <div ng-controller="Ctrl">
    <input ng-model="search.$" required />
    <input ng-model="search.number" required />
    <p ng-repeat="user in users | filter:search:true">
      {{ user.firstName}} {{ user.lastName }}
    </p>
  </div>
</div>
```

完成以上設定後，兩個輸入欄位都會建立 AND 過濾器，以便根據一或多個準則從陣列挑
出資料。當輸入欄位的內容是空字串時，required 關鍵字會將繫結到此的模型重置為
未定義狀態。

 提示

JSFiddle: http://jsfiddle.net/msfrisbie/on394so2/

這是如何運作的？

比較器引數將始終被解析成一函數，如果傳入 true 值，AngularJS 便視其為下列程式碼
的一個別名：

```
function(actual, expected) {
  return angular.equals(expected, actual);
}
```

該函數的目的是嚴格地比較枚舉集合內的元素與參照物件。

更常見的做法則是傳入自己的比較器函數,並依據是否完全符合條件再返回 `true` 或 `false`,其形式如下:

```
function(actual, expected) {
  // actual 與 expected 之間自訂的比對邏輯
}
```

比較器引數中的函數便是用來決定比對結果的關鍵環節。

延伸閱讀

■ 「從頭開始建立搜尋過濾器」與「從頭開始建立自訂的搜尋過濾器運算式」兩節示範如何建構搜尋過濾器的替代方案,以便更符合應用程式的需求。

從頭開始建立搜尋過濾器

前述的搜尋過濾器都只能滿足應用程式的某些需求,最終還是需要建構出一套完整的方案,以便篩選枚舉集合。

準備工作

假設控制器包含下列資料物件:

```
(app.js)

angular.module('myApp', [])
.controller('Ctrl', function($scope) {
  $scope.users = [
    {
      firstName: 'John',
      lastName: 'Stockton',
      number: '12'
    },
    {
      firstName: 'Michael',
      lastName: 'Jordan',
      number: '23'
    },
    {
```

```
      firstName: 'Allen',
      lastName: 'Iverson',
      number: '3'
    }
  ];
});
```

開始進行

假設需要針對姓名與數字屬性建立一個 OR 過濾器，較粗魯的做法是撰寫一個全新的過濾器來取代 AngularJS 既有的過濾器。這個過濾器能夠接收一個枚舉物件，然後返回該物件的子集合。完整程式碼如下所示：

```
(app.js)

.filter('userSearch', function () {
  return function (users, search) {
    var matches = [];
    angular.forEach(users, function (user) {
      if (!angular.isDefined(users) ||
        !angular.isDefined(search)) {
        return false;
      }
      // 初始化比對條件
      var nameMatch = false,
        numberMatch = false;
      if (angular.isDefined(search.name) &&
          search.name.length > 0) {
        // 符合的姓名子字串
        if (angular.isDefined(user.firstName)) {
          nameMatch = nameMatch ||
            user.firstName.indexOf(search.name) > -1;
        }
        if (angular.isDefined(user.lastName)) {
          nameMatch = nameMatch ||
            user.lastName.indexOf(search.name) > -1;
        }
      }
      if (angular.isDefined(user.number) &&
        angular.isDefined(search.number)) {
        // 數字必須完全符合
        numberMatch = user.number === search.number;
      }
      // 滿足其中一組條件時，便將該 user 加入至結果中
      if (nameMatch || numberMatch) {
        matches.push(user);
```

```
      }
    });
    // 返回陣列給重複器
    return matches;
  };
});
```

使用方式如下：

```
(index.html)

<div ng-app="myApp">
  <div ng-controller="Ctrl">
    <input ng-model="search.name"
           required />
    <input ng-model="search.number"
           required />
    <p ng-repeat="user in users | userSearch : search">
      {{ user.firstName }} {{ user.lastName }}
    </p>
  </div>
</div>
```

 提示

JSFiddle: http://jsfiddle.net/msfrisbie/k4umoj3p/

這是如何運作的？

由於是從無到有建立過濾器，其結構被設計成能夠處理任何缺失的屬性以及參數中的物件。此過濾器首先執行姓名屬性的子字串查找，接著則精確地比對數字屬性。一旦完成後，再針對這兩組結果進行 OR 作業。不過，一個完全重建的搜尋過濾器，也必須返回整個集合的子集。

還有更多

自行重建過濾器，如本節所示，是當需求和既有的過濾器功能存在明顯分歧時才有其意義。

■ 「從頭開始建立自訂的搜尋過濾器運算式」一節示範如何在既有的搜尋過濾器機制下，完
　成自訂的過濾器功能。

從頭開始建立自訂的搜尋過濾器運算式

與其重新發明輪子，不如建立一個搜尋過濾器運算式，以便在以迴圈遍覽枚舉集合時，
得出其結果為 true 或 false。

最容易達到前述目的之方式是是在範圍中定義一個函數，如下所示：

```
(app.js)

angular.module('myApp', [])
.controller('Ctrl', function ($scope) {
  $scope.users = [
    ...
  ];
  $scope.usermatch = function (user) {
    if (!angular.isDefined(user) ||
      !angular.isDefined($scope.search)) {
      return false;
    }
    var nameMatch = false,
      numberMatch = false;
    if (angular.isDefined($scope.search.name) &&
        $scope.search.name.length > 0) {
      if (angular.isDefined(user.firstName)) {
        nameMatch = nameMatch ||
          user.firstName.indexOf($scope.search.name) > -1;
      }
      if (angular.isDefined(user.lastName)) {
        nameMatch = nameMatch ||
          user.lastName.indexOf($scope.search.name) > -1;
      }
    }
    if (angular.isDefined(user.number) &&
        angular.isDefined($scope.search.number)) {
      numberMatch = user.number === $scope.search.number;
    }
    return nameMatch || numberMatch;
```

```
  };
});
```

現在依如下方式傳給內建的過濾器：

```
(index.html)

<div ng-app="myApp">
  <div ng-controller="Ctrl">
    <input ng-model="search.name" required />
    <input ng-model="search.number" required />
    <p ng-repeat="user in users | filter:usermatch">
      {{ user.firstName }} {{ user.lastName }}
    </p>
  </div>
</div>
```

 提示

JSFiddle: http://jsfiddle.net/msfrisbie/76874ygr/

在姓名搜尋框輸入「Jo」的話，現在會回傳「Michael Jordan」與「John Stockton」；若於數字框輸入「3」的話，則只會返回「Allen Iverson」。由於過濾器是使用OR組合，因此若同時輸入「Mi」與「3」，將會回傳「Michael Jordan」與「Allen Iverson」。如果打算改為AND過濾器，則僅需修改返回敘述，如下所示：

```
return nameMatch && numberMatch;
```

這是如何運作的？

所有的搜尋過濾器技術都可以從在同一個角度出發，亦即關注目前所篩選的內容即可。搜尋過濾器只是一遍又一遍地提出問題：「這符合我的比對規則嗎？」AngularJS的資料繫結機制則會在物件的內容或數量發生變化時，以同樣的問題詢問枚舉集合中的每個元素。說穿了，之前的章節不過是定義該提出何種問題而已。

還有更多

過濾器僅僅是套用了 JavaScript 的函數,而其組態機制也十分具有彈性。在正式環境下,通常內建的搜尋過濾器並不足夠,因此自行建構出比對規則會是相當有利的做法。

此外,當我們開始檢查效能時,就得考慮重複器和過濾器的最佳化。若能維持輕量化,則過濾器的運作成本就會十分低廉,因此便可以快速且連續地執行數百次。一旦複雜性和資料的級數增加,過濾器也能讓應用程式保持一定的性能和反應力。

使用服務值與服務常數

位於核心的 AngularJS 服務類型是一種單件容器,用來統一應用程式的資源存取。有時候存取的資源可能只是單一的 JS 物件,AngularJS 為此提供了服務值(value)和服務常數(constant)。

開始進行

服務值和服務常數的行為十分接近,其中只有一點重要的差別。

服務值

服務值是最簡單的服務類型,value 服務的格式是「鍵 — 值」組合,使用及注入的方式如下:

```
(app.js)

angular.module('myApp', [])
.controller('Ctrl', function($scope, MyValue) {
  $scope.data = MyValue;
  $scope.update = function() {
    MyValue.name = 'Brandon Marshall';
  };
})
.value('MyValue', {
  name: 'Tim Tebow',
  number: 15
});
```

所使用的樣板範例如下：

```
(index.html)

<div ng-app="myApp">
  <div ng-controller="Ctrl">
    <button ng-click="update()">Update</button>
    {{ data.name }} #{{ data.number }}
  </div>
</div>
```

 提示

JSFiddle: http://jsfiddle.net/msfrisbie/hs7uL1y0/

AngularJS 更新服務值時毫無困難，由於它是單件，任何注入 value 服務並加以讀寫的
應用程式，都會存取相同的資料。服務值的行為就像是服務工廠（詳述於「使用服務工
廠」一節），並且不能注入至提供器或應用程式的 config() 階段。

服務常數

如同服務值一般，服務常數也是單件的「鍵 — 值」組合。其中最大的差別是後者的行為
就像是服務提供器，而且可以注入至 config() 階段或其他的服務提供器。服務常數的
使用方式如下：

```
(app.js)

angular.module('myApp', [])
.config(function(MyConstant) {
  // 無法注入 $log 至 config()
  console.log(MyConstant);
})
.controller('Ctrl', function($scope, MyConstant) {
  $scope.data = MyConstant;
  $scope.update = function() {
    MyConstant.name = 'Brandon Marshall';
  };
})
.constant('MyConstant', {
  name: 'Tim Tebow',
```

```
    number: 15
});
```

至於樣板的內容則相同於稍早前的服務值範例。

 提示

JSFiddle: http://jsfiddle.net/msfrisbie/whaea0y1/

這是如何運作的？

服務值與服務常數都是可讀寫的鍵 — 值組合,當中最主要的差別是取決於在初始化應
用程式時是否需取用該資料,進而決定該採用哪一種方式。

延伸閱讀

■ 「使用服務提供器」一節提供父系服務類型、以及如何關聯到服務類型生命周期的相關細
節。

■ 「使用服務裝飾器」一節示範如何在初始化服務類型時及時插入修改。

使用服務工廠

服務工廠是最簡單與通用的服務類型,可讓我們透過封裝使用 AngularJS 服務的單件特
性。

開始進行

服務工廠的回傳值是當工廠被列為依存關係時所注入的內容。一種常見與有用的模式是
在物件外部定義私有資料和函數,然後透過回傳物件定義相關的 API,如下列程式碼所
示:

```
(app.js)

angular.module('myApp', [])
.controller('Ctrl', function($scope, MyFactory) {
  $scope.data = MyFactory.getPlayer();
  $scope.update = MyFactory.swapPlayer;
```

```
})
.factory('MyFactory', function() {
  // 私有變數及函數
  var player = {
    name: 'Peyton Manning',
    number: 18
  }, swap = function() {
    player.name = 'A.J. Green';
  };
  // 公共 API
  return {
    getPlayer: function() {
      return player;
    },
    swapPlayer: function() {
      swap();
    }
  };
});
```

由於服務工廠的值已繫結到 $scope，因此可於樣板中使用，如下所示：

```
(index.html)

<div ng-app="myApp">
  <div ng-controller="Ctrl">
    <button ng-click="update()">Update</button>
    {{ data.name }} #{{ data.number }}
  </div>
</div>
```

 提示

JSFiddle: http://jsfiddle.net/msfrisbie/5gydkrjw/

這是如何運作的？

這個範例看起來有點做作，但卻展示了藉由服務工廠發揮巨大影響的基本使用模式。如同所有的服務類型一般，服務工廠也是單件，因此應用程式對其所做的任何異動，都會反映到工廠所注入的任何地方。

延伸閱讀

■ 「使用服務」一節說明服務工廠的同輩類型如何結合至應用程式中。

■ 「使用服務提供器」一節提供父系服務類型、以及如何關聯到服務類型生命周期的相關細節。

■ 「使用服務裝飾器」一節示範如何在初始化服務類型時及時插入修改。

使用服務

服務的行為大多和服務工廠相同，例如定義私有資料與方法，以及 API 的實作。

開始進行

服務的操作方式和工廠一樣，不同之處在於注入的物件是控制器本身。使用方式如下：

```
(app.js)

angular.module('myApp', [])
.controller('Ctrl', function($scope, MyService) {
  $scope.data = MyService.getPlayer();
  $scope.update = MyService.swapPlayer;
})
.service('MyService', function() {
  var player = {
    name: 'Philip Rivers',
    number: 17
  }, swap = function() {
    player.name = 'Alshon Jeffery';
  };
  this.getPlayer = function() {
    return player;
  };
  this.swapPlayer = function() {
    swap();
  };
});
```

一旦繫結到 $scope，服務介面就和工廠毫無二致，如下所示：

```
(index.html)

<div ng-app="myApp">
```

```
<div ng-controller="Ctrl">
  <button ng-click="update()">Update</button>
  {{ data.name }} #{{ data.number }}
</div>
</div>
```

 提示

JSFiddle: http://jsfiddle.net/msfrisbie/5wn16dyk/

這是如何運作的？

服務會以 new 運算子來呼叫建構子，而且實例化後的服務物件也是可注入的。正如工廠一般，它也是一個單件，並且其實例化會等到真正注入服務之後才進行。

延伸閱讀

- 「使用服務工廠」一節說明服務的同輩類型如何結合至應用程式中。
- 「使用服務提供器」一節提供父系服務類型、以及如何關聯到服務類型生命周期的相關細節。
- 「使用服務裝飾器」一節示範如何在初始化服務類型時及時插入修改。

使用服務提供器

服務提供器是工廠和服務所用的父服務類型，它們是最能夠加以組態及擴充的服務類型，讓我們能夠在初始化應用程式時檢查及修改其他的服務類型。

開始進行

服務提供器會接收一個返回物件的函數參數，該物件內含 $get 方法。初始化應用程式後，AngularJS 將利用此方法產生注入值。當服務提供器注入 config 階段時，便提供封裝了 $get 方法的物件。實作的內容如下所示：

```
(app.js)

angular.module('myApp', [])
```

```
.config(function(PlayerProvider) {
  // 提供器在 config() 內必須加上「Provider」字尾
  PlayerProvider.configSwapPlayer();
  console.log(PlayerProvider.configGetPlayer());
})
.controller('Ctrl', function($scope, Player) {
  $scope.data = Player.getPlayer();
  $scope.update = Player.swapPlayer;
})
.provider('Player', function() {
  var player = {
    name: 'Aaron Rodgers',
    number: 12
  }, swap = function() {
    player.name = 'Tom Brady';
  };

  return {
    configSwapPlayer: function() {
      player.name = 'Andrew Luck';
    },
    configGetPlayer: function() {
      return player;
    },
    $get: function() {
      return {
        getPlayer: function() {
          return player;
        },
        swapPlayer: function() {
          swap();
        }
      };
    }
  };
});
```

藉由這項方法，控制器會將提供器視為一般的服務類型，如下所示：

```
(app.js)

.controller('Ctrl', function($scope, Player) {
  $scope.data = Player.getPlayer();
  $scope.update = Player.swapPlayer;
})

(index.html)
```

```
<div ng-app="myApp">
  <div ng-controller="Ctrl">
    <button ng-click="update()">Update</button>
    {{ data.name }} #{{ data.number }}
  </div>
</div>
```

 提示

JSFiddle: http://jsfiddle.net/msfrisbie/49wjk54L/

這是如何運作的？

提供器是唯一能夠傳入 config 函數的服務類型。注入提供器到 config 階段，允許我們存取封裝物件；而注入提供器到初始化的應用程式元件，則能夠讓我們存取 $get 方法的回傳值。如果需要在應用程式廣泛使用該服務類型之前先設定其內容，那麼前述方法會十分有用。

還有更多

提供器只能在初始化的應用程式注入成已組態的服務。同樣的，諸如服務工廠和服務等類型也不能注入至提供器，因為它們在 config 階段尚未存在。

延伸閱讀

■ 「使用服務裝飾器」一節示範如何在初始化服務類型時及時插入修改。

使用服務裝飾器

AngularJS 服務經常被忽視的一項能力是能夠在初始化時裝飾服務類型。此舉允許我們在注入至應用程式之前，就能新增、修改工廠或服務於 config 階段所表現的行為。

開始進行

config 階段的 $provide 服務提供了一種裝飾器方法，以利我們在正式實例化之前注入服務，並且修改其定義，如下所示：

```
(app.js)

angular.module('myApp', [])
.config(function($provide) {
  $provide.decorator('Player', function($delegate) {
    // $delegate 是 Player 服務的實例
    $delegate.setPlayer('Eli Manning');
    return $delegate;
  });
})
.controller('Ctrl', function($scope, Player) {
  $scope.data = Player.getPlayer();
  $scope.update = Player.swapPlayer;
})
.factory('Player', function() {
  var player = {
    number: 10
  }, swap = function() {
    player.name = 'DeSean Jackson';
  };

  return {
    setPlayer: function(newName) {
      player.name = newName;
    },
    getPlayer: function() {
      return player;
    },
    swapPlayer: function() {
      swap();
    }
  };
});
```

由於只是修改了一般的工廠，因此可正常應用於樣板中，如下所示：

```
(index.html)

<div ng-app="myApp">
  <div ng-controller="Ctrl">
    <button ng-click="update()">Update</button>
    {{ data.name }} #{{ data.number }}
  </div>
</div>
```

提示

JSFiddle: http://jsfiddle.net/msfrisbie/cd3286rt/

這是如何運作的？

裝飾器的作用是在實例化時攔截服務的建立，然後依需求修改或取代服務類型。當我們需要完善地對第三方程式庫進行本地修改（猴式修補）時，這種方法特別有用。

注 意

常數是無法裝飾的。

延伸閱讀

■ 「使用服務提供器」一節提供父系服務類型、以及如何關聯到服務類型生命周期的相關細節。

第 3 章

AngularJS 動畫

本章涵蓋以下內容：

- 建立簡單的淡入／淡出動畫

- 重製 jQuery 的 slideUp() 與 slideDown() 方法

- 以 ngIf 建立 enter 動畫

- 以 ngView 建立 leave 及並行動畫

- 以 ngRepeat 建立 move 動畫

- 以 ngShow 建立 addClass 動畫

- 以 ngClass 建立 removeClass 動畫

- 錯開批次動畫

簡介

AngularJS 以一個獨立模組的形式提供了動畫的基礎架構，名為 ngAnimate。有了這個之後，就能以多種不同的方式處理應用程式的動畫，分別是：

- CSS3 轉換

- CSS3 動畫

- JavaScript 動畫

任何一種方法都能以十分俐落與模組化的方式製作應用程式所需的動畫。多數情況下，有可能只使用 AngularJS 類別、事件與 CSS 定義為既有的應用程式加入有趣的動畫——毋須額外的 HTML 與 JS 程式碼。

本章假設我們至少已大致熟悉瀏覽器動畫的主要課題，而這裡的重點會集中在如何將動畫整合至 AngularJS 應用程式，且不仰賴 jQuery 或其他的動畫程式庫。如同本章即將說明的，有多種原因能夠解釋為何偏好採用 AngularJS/CSS 動畫，而非其他程式庫（如 jQuery）的相對應功能。

提示

為了簡化起見，本章不會在 CSS 類別或動畫定義中加上任何廠商的前置字元。正式版本的應用程式則必須應該含括進來，以利跨瀏覽器的相容性考量。但在本章的內容中，由於 AngularJS 並不關心 CSS 所定義的內容，因此加入它們只會造成讀者的分心。

ngAnimate 模組是獨立封裝於 angularanimate.js，所以必須一併含括這個檔案與 angular.js，這樣本章的範例才能夠正常運作。

建立簡單的淡入 / 淡出動畫

AngularJS 動畫是藉由整合 CSS 動畫至前導指令基於類別的有限狀態機器（finite state machine）來運作。換句話說，AngularJS 中負責處理 DOM 的元素定義了一些類別狀態，它們能夠充分利用 CSS 動畫，而系統則會透過明確定義的事件在這些狀態中游移。本節將示範如何使用前導指令的有限狀態機器，藉以建立簡單的淡入 / 淡出動畫。

注意

有限狀態機器（finite state machine，FSM）是一套由狀態和轉變條件所定義的計算系統模型，這套系統在任意時間只能以一種狀態存在，並由特定的事件觸發狀態的改變。以 AngularJS 動畫來說，狀態是透過 CSS 類別關聯到指定動畫的進度來呈現，觸發狀態轉換的事件則交給資料繫結及控制類別的前導指令來掌控。

準備工作

就 AngularJS 1.2 版來說，動畫功能是來自於一個完全獨立的 AngularJS 模組——ngAnimate。最初的檔案內容應該如下所示：

```
(style.css)

.animated-container {
  padding: 20px;
  border: 5px solid black;
}


(index.html)

<div ng-app="myApp">
  <div ng-controller="Ctrl">
    <label>
      <button ng-click="boxHidden=!boxHidden">
        Toggle Visibility
      </button>
    </label>
    <div class="animated-container" ng-hide="boxHidden">
      Awesome text!
    </div>
  </div>
</div>


(app.js)

angular.module('myApp', ['ngAnimate'])
.controller('Ctrl', function($scope) {
  $scope.boxHidden = true;
});
```

前述程式碼提供了一個按鈕，可立即切換 `<div>` 樣式元素的可見性。

開始進行

有多種方法可以完成動畫的淡入/淡出效果，但最簡單的一種是利用 CSS 轉換，因為它們能夠完美地整合到 AngularJS 動畫的類別狀態機器。

這裡的 CSS 動畫類別需要涵蓋兩種情況：當元素隱藏時加上淡入效果，以及當元素顯示時則加上淡出效果。如果是使用 CSS 轉換，則得定義初始狀態、最終狀態，以及轉換的參數，如下所示：

```
(style.css)

.animated-container {
  padding: 20px;
```

```
  border: 5px solid black;
}
.animated-container.ng-hide-add,
.animated-container.ng-hide-remove {
  transition: all linear 1s;
}
.animated-container.ng-hide-remove,
.animated-container.ng-hide-add.ng-hide-add-active {
  opacity: 0;
}
.animated-container.ng-hide-add,
.animated-container.ng-hide-remove.ng-hide-remove-active {
  opacity: 1;
}
```

 提示

JSFiddle: http://jsfiddle.net/msfrisbie/fqxwvyvj/

上述的CSS類別涵蓋了雙向的轉變：在1秒內於opacity：0和opacity：1之間製造褪色效果。當點擊<button>元素切換可見性時，就會觸發<div>樣式元素的淡入與淡出效果。

這是如何運作的？

由於CSS轉換是由相關的CSS類別發生異動時觸發，因此AngularJS的類別狀態機器允許我們在前導指令操作DOM時產生動畫。顯示/隱藏狀態機器是循環發生的，並且會按下表的說明來運作（這只是完整ng-show/ng-hide狀態機器的簡化版本，細節將詳述於「以ngShow建立addClass動畫」一節）：

事件	前導指令狀態	樣式元素類別	元素狀態
初始狀態	ng-hide=true	animated-container ng-hide	display:none
boxHidden=false	ng-hide=false	animated-container ng-animate ng-hide-remove	opacity:0

事件	前導指令狀態	樣式元素類別	元素狀態
時間飛逝	ng-hide=false	animated-container ng-animate ng-hide-remove ng-hide-removeactive	觸發動畫，轉換為opacity:1
完成動畫	ng-hide=false	animated-container	display:block
boxHidden=true	ng-hide=true	animated-container ng-animate ng-hide ng-hide-add	opacity:1
時間飛逝	ng-hide=true	animated-container ng-animate ng-hide ng-hide-add ng-hide-addactive	觸發動畫，轉換為opacity:0
完成動畫	ng-hide=true	animated-container ng-hide	display:none

 注意

上表所列出的狀態機器只是真實動畫狀態機器的簡化版本。

現在應能了解CSS類別是如何利用動畫類別的狀態機器來觸發動畫。當前導指令狀態改變時（本例是當布林值為假時），AngularJS便連續套用CSS類別到元素，來作為CSS動畫的錨點。這裡的「時間飛逝」指的是先個別加入ng-hide-add或ng-hide-remove，然後接著是ng-hide-add-active或ng-hideremove-active。這些類別會被依序且個別地加入（這幾乎是瞬間發生的，因此無法透過瀏覽器的檢測功能察覺類別的個別性），不過偏移量的增加自然能夠使CSS的轉換特效順利運作。

當從隱藏變為可見時，CSS樣式在.animated-container.ng-hide-add選擇器和.animated-container.nghide-add.ng-hide-add-active選擇器之間定義了一種轉換效果，而該定義是貼附在.animated-container.ng-hide-remove選擇器之下。

當從可見變回隱藏時，CSS 樣式在 `.animated-container.ng-hide-add` 選擇器和 `.animated-container.nghide-add.ng-hide-add-active` 選擇器之間定義了相反的轉換效果，而該定義則是貼附在 `.animated-container.ng-hide-add` 選擇器之下。

還有更多

由於類別狀態機器是完全由 `ng-hide` 前導指令所控制，如果打算反轉動畫效果（一開始可見，然後再變更為隱藏），只要將 HTML 元素中的 `ng-hide` 改為 `ng-show` 即可。這些相反的前導指令將根據其定義適當地實作類別狀態機器，但仍然會採用 `ng-hide` 類別作為預設的參照。換句話說，使用 `ng-show` 前導指令不會因此出現 `ng-show-add`、`ng-show-remove` 或其他這類的東西；仍然會是 `ng-hide`、`ng-hide-add` 或 `ng-hide-remove`，以及 `ng-hide-add-active` 或 `ng-hide-remove-active`。

保持乾淨

由於這個動畫一開始是隱藏的，然後才從主體底部載入 JS 檔案，因此這正是利用 `ng-cloak` 的絕佳時機，藉以避免 `div` 樣式元素在完成編譯前出現閃爍。請修改 CSS 與 HTML 為下列內容：

```
(style.css)

[ng\:cloak], [ng-cloak], [data-ng-cloak], [x-ng-cloak],
.ng-cloak, .x-ng-cloak {
  display: none !important;
}

(index.html)

...
<div class="animated-container" ng-show="boxHidden" ng-cloak>
  Awesome text!
</div>
```

不再需要冗長的動畫樣式設定

以往在呈現 ng-hide 或 ng-show 動畫特效時，必須在各個動畫狀態中加上 display:block!important。不過在 AngularJS 1.3 版後便不再需要，一切交給 ngAnimate 模組處理即可。

延伸閱讀

■ 「以 ngShow 建立 addClass 動畫」及「以 ngClass 建立 removeClass 動畫」兩節將列出更多細節，詳述驅動前導指令動畫的狀態機器。

重製 jQuery 的 slideUp() 與 slideDown() 方法

jQuery 有提供一組十分有用的動畫方法：slideUp() 與 slideDown()，它們是利用 JavaScript 來完成需求。但若是能夠利用 AngularJS 的動畫掛鉤（hook），動畫特效便可以由 CSS 來達成。

準備工作

假設打算上、下滑動 <div> 元素，預先的設置如下所示：

```
(index.html)

<div ng-app="myApp">
  <div ng-controller="Ctrl">
    <button ng-click="displayToggle=!displayToggle">
      Toggle Visibility
    </button>
    <div>Slide me up and down!</div>
  </div>
</div>

(app.js)

angular.module('myApp', ['ngAnimate'])
.controller('Ctrl', function($scope) {
  $scope.displayToggle = true;
});
```

開始進行

滑動特效會需要截斷溢出的元素，並且也得考量到元素的高度。下列實作會採用 ng-class：

```css
(style.css)

.container {
  overflow: hidden;
}
.slide-tile {
  transition: all 0.5s ease-in-out;
  width: 300px;
  line-height: 300px;
  text-align: center;
  border: 1px solid black;
  transform: translateY(0);
}
.slide-up {
  transform: translateY(-100%);
}
```

```html
(index.html)

<div ng-app="myApp">
  <div ng-controller="Ctrl">
    <button ng-click="displayToggle=!displayToggle">
      Toggle Visibility
    </button>
    <div class="container">
      <div class="slide-tile"
          ng-class="{'slide-up': !displayToggle}">
        Slide me up and down!
      </div>
    </div>
  </div>
</div>
```

 提示

JSFiddle: http://jsfiddle.net/msfrisbie/eqcs1dzr/

稍微更輕量化的實作方式是綁定類別定義至ng-show狀態機器上：

```
(style.css)

.container {
  overflow: hidden;
}
.slide-tile {
  transition: all 0.5s ease-in-out;
  width: 300px;
  line-height: 300px;
  text-align: center;
  border: 1px solid black;
  transform: translateY(0);
}
.slide-tile.ng-hide {
  transform: translateY(-100%);
}

(index.html)

<div ng-app="myApp">
  <div ng-controller="Ctrl">
    <button ng-click="displayToggle=!displayToggle">
      Toggle Visibility
    </button>
    <div class="container">
      <div class="slide-tile" ng-show="displayToggle">
        Slide me up and down!
      </div>
    </div>
  </div>
</div>
```

 提示

JSFiddle: http://jsfiddle.net/msfrisbie/bx01muha/

這是如何運作的？

只要定義了端點及轉換，CSS轉換就具備雙向動畫的便利性。以這兩種實作來說，translateY的CSS屬性是用來完成滑動效果，而隱藏狀態(ng-class實作了向上滑動，ng-show實作了ng-hide)則用來遮蔽轉換狀態的端點。

延伸閱讀

■ 「以ngShow建立addClass動畫」及「以ngClass建立removeClass動畫」兩節將列出更多細節，詳述驅動前導指令動畫的狀態機器。

以 ngIf 建立 enter 動畫

當前導指令觸發enter（進入）事件時，AngularJS便提供掛鉤來定義自訂動畫。底下的前導指令都會產生enter事件：

■ ngIf：當ngIf的內容改變時便觸發enter事件，然後建立一個新的DOM元素，並且注入至ngIf容器。

■ ngInclude：當帶入新的內容至瀏覽器時，便觸發enter事件。

■ ngRepeat：當加入新項目到清單中，或當過濾器篩選出某個項目時，便觸發enter事件。

■ ngSwitch：當ngSwitch的內容改變，而相符的子元素置於容器內部時，便觸發enter事件。

■ ngView：當需要帶入全新的內容至瀏覽器時，便觸發enter事件。

■ ngMessage：當附加內部訊息時，便觸發enter事件。

準備工作

假設打算貼附淡入動畫至DOM的某個段落（內含ng-if前導指令），當ng-if運算式結果為真時，便觸發enter動畫，然後將樣板帶入至頁面。

注意

ngIf前導指令還有另一套相對應的leave動畫掛鉤，但在本節並不會用到。如果未被使用的話，可以放心地忽略它們。

在實作動畫之前，一開始所設置的結構如下：

```
(index.html)

<div ng-app="myApp">
  <div ng-controller="Ctrl">
    <button ng-click="visible=!visible">Toggle</button>
    <span class="target" ng-if="visible">Bring me in!</span>
  </div>
</div>

(app.js)

angular.module('myApp', ['ngAnimate'])
.controller('Ctrl', function($scope) {
  $scope.visible = true;
});
```

 提示

本節的範例只使用了 ngIf，不過也能輕易地改由 ngInclude、ngRepeat、ngSwitch 或 ngView 來完成。當這些前導指令所涉及的內容引入至 DOM 時，便會觸發 enter 事件，因此對於動畫掛鉤以及動畫定義相關程序的處理方式都是幾近相同的。

開始進行

點擊按鈕後，一旦 ngIf 運算式的結果為真，內含該運算式的 <div> 元素會立即地變為可見。不過，由於引進了 ngAnimate 模組，便可以從中利用 AngularJS 的動畫掛鉤，以利我們在 <div> 元素進入頁面時定義動畫特效。

CSS 轉換、CSS 動畫或 JavaScript 都能夠定義動畫，並且也有多種細部方式來建構其定義。CSS 轉換與 CSS 動畫是利用 ng-enter CSS 類別掛鉤來定義動畫，而 JavaScript 動畫則是採用 ngAnimate 模組的 enter() 方法。

CSS3 轉換

若想製造轉換效果的動畫，只需定義開始與結束的狀態類別樣式，如下所示：

```
(style.css)

.target.ng-enter
{
  transition: all linear 1s;
  opacity: 0;
}
.target.ng-enter.ng-enter-active {
  opacity: 1;
}
```

提示

JSFiddle: http://jsfiddle.net/msfrisbie/zhuffnfj/

CSS3 動畫

如同 CSS3 轉換一般，以 CSS keyframes 來完成相同的動畫也很簡單。由於動畫是完全定義在 keyframes 內部，因此只需要一個類別參照去觸發動畫，如下所示：

```
(style.css)

.target.ng-enter {
  animation: 1s target-enter;
}
@keyframes target-enter {
  from {
    opacity: 0;
  }
  to {
    opacity: 1;
  }
}
```

提示

JSFiddle: http://jsfiddle.net/msfrisbie/rp4mjgkL/

JavaScript 動畫

JavaScript會需要我們手動新增及移除相關的CSS類別，並且明確地呼叫動畫。由於 AngularJS與jqLite物件並沒有提供動畫方法，因此得使用jQuery物件的animate() 方法：

```
(app.js)

angular.module('myApp', ['ngAnimate'])
.controller('Ctrl', function ($scope) {
  $scope.visible = false;
})
.animation('.target', function () {
  return {
    enter: function (element, done) {
      $(element)
      .css({
        'opacity': 0
      });
      $(element)
      .animate({
        'opacity': 1
      },
      1000,
      done);
    }
  };
});
```

提示

JSFiddle: http://jsfiddle.net/msfrisbie/2jt853no/

這是如何運作的？

enter動畫的行為就像是一部狀態機器，它不會假設 <div> DOM元素上有定義任何的CSS轉換/動畫或JavaScript動畫，並且還必須適用於所有狀況而不至於造成衝突。因此，AngularJS會觸發JavaScript動畫，並立即開始執行動畫類別的序列（觸發當中的任何CSS轉換/動畫）。透過這種方式，才能在同一個DOM元素上同時使用JavaScript和CSS動畫。

針對不同的狀態，AngularJS採用了一種標準的類別命名要求，好讓我們為元件的不同動畫集合做出獨特且可區別的定義。接下來的表格會列出enter動畫狀態機器的運作模式。

動畫元件的初始狀態定義如下：

element	`[<span class="target" ng-if="visible">`
	 ` Bring me in!`
	 `</span>,`
	 `<!-- end ngIf: visible -->]`

parentElement	`[<div>`
	 ` ...`
	 `</div>]`

afterElement	`[<!-- ngIf: visible -->]`

下表則呈現完整的enter動畫轉換程序：

事件	DOM

當前導指令偵測到ng-If為真時，便呼叫 `$animate.enter()` 方法	`<div>`
	 ` <!-- ngIf: visible -->`
	 `</div>`

插入該元素至parentElement內或 afterElement旁	`<div>`
	 ` <!-- ngIf: visible -->`
	 ` <span class="target"`
	 ` ng-if="visible">`
	 ` Bring me in!`
	 ` </span>`
	 ` <!-- end ngIf: visible -->`
	 `</div>`

事件	DOM

$animate服務等待新的動畫處理周期，並加入ng-animate類別	```
	<div>
	  <!-- ngIf: visible -->
	  <span class="target ng-animate"
	    ng-if="visible">
	   Bring me in!
	  </span>
	  <!-- end ngIf: visible -->
	</div>
	``

$animate服務執行該元素中所定義的JavaScript動畫	DOM無變化

加入ng-enter類別至該元素	```
	<div>
	  <!-- ngIf: visible -->
	  <span class="target ng-animate ng-enter"
	    ng-if="visible">
	   Bring me in!
	  </span>
	  <!-- end ngIf: visible -->
	</div>
	``

$animate服務讀取元素的樣式，以便取得CSS轉換或CSS動畫的定義	DOM無變化
$animate服務阻斷元素的CSS轉換，以便確保在不受干擾的情況下正確地套用ng-enter類別樣式	DOM無變化
$animate服務等待一張單一的動畫幀以執行重排（reflow）	DOM無變化
$animate服務在元素上移除對於CSS轉換的攔阻	DOM無變化

加入ng-enter-active類別；觸發CSS轉換或CSS動畫	```
	<div>
	  <!-- ngIf: visible -->
	  <span class="target ng-animate
	    ng-enter ng-enter-active"
	    ng-if="visible">
	   Bring me in!
	  </span>
	  <!-- end ngIf: visible -->
	</div>
	``

$animate服務等待動畫完成	DOM無變化

事件	DOM

動畫完成；從元素去除動畫類別	```html
	<div>
	  <!-- ngIf: visible -->
	  <span class="target"
	        ng-if="visible">
	    Bring me in!
	  </span>
	  <!-- end ngIf: visible -->
	</div>
	``

觸發 doneCallback() 方法（如果有提供）	DOM 無變化

提示

由於不會影響動畫的進行，本節故意忽略了 ng-scope 類別，但實際上它也存在於 DOM 元素中。

還有更多

JavaScript 與 CSS 轉換/動畫兩者是能夠平行處理的，由於它們是被個別定義的，因此也都能夠獨立執行，雖然它們修改的是相同的 DOM 元素。

延伸閱讀

- 「以 ngView 建立 leave 及並行動畫」一節詳細說明了相應的 leave 事件。

以 ngView 建立 leave 及並行動畫

當前導指令觸發 leave（離開）事件時，AngularJS 便提供掛鉤來定義自訂動畫。底下的前導指令都會產生 leave 事件：

- ngIf：在 DOM 移除 ngIf 的內容之前觸發 leave 事件。

- ngInclude：當既有所含括的內容需要加入動畫時，便觸發 leave 事件。

- ngRepeat：當從清單移除一個項目，或者過濾掉某個項目時，便觸發 leave 事件。

- ngSwitch：在 ngSwitch 的內容改變之後，並在 DOM 移除先前的內容之前，便立即觸發 leave 事件。

- ngView：當既有的 ngView 內容需要加入動畫時，便觸發 leave 事件。

- ngMessage：當移除內部訊息時，便觸發 leave 事件。

準備工作

假設想要在既有 ng-view 前導指令內的 **DOM** 設計滑入或滑出動畫，致使 ng-view 內容改變的路由異動將會在內容帶入至頁面時觸發 enter 動畫，並於內容離開頁面時觸發 leave 動畫。

在實作動畫之前，一開始所設置的結構如下：

```
(style.css)

.link-container {
  position: absolute;
  top: 320px;
}
.animate-container {
  position: absolute;
}
.animate-container div {
  width: 300px;
  text-align: center;
  line-height: 300px;
  border: 1px solid black;
}

(index.html)

<div ng-app="myApp">
  <ng-view class="animate-container"></ng-view>
  <div class="link-container">
    <a href="#/foo">Foo</a>
    <a href="#/bar">Bar</a>
  </div>

  <script type="text/ng-template" id="foo.html">
    <div>
      <span>Foo</span>
    </div>
  </script>
  <script type="text/ng-template" id="bar.html">
    <div>
      <span>Bar</span>
```

```
    </div>
  </script>
</div>

(app.js)

angular.module('myApp', ['ngAnimate', 'ngRoute'])
.config(function ($routeProvider) {
  $routeProvider
  .when('/bar', {
    templateUrl: 'bar.html'
  })
  .otherwise({
    templateUrl: 'foo.html'
  });
});
```

 提示

本節的範例只使用了ngView，不過也能輕易地改由ngInclude、ngRepeat、ngSwitch或ngIf來完成。當這些前導指令所涉及的內容從DOM移除時，便會觸發leave事件，因此對於動畫掛鉤以及動畫定義相關程序的處理方式都是幾近相同的。然而，並非所有的前導指令都會並行觸發enter與leave事件。

開始進行

當路由改變時，AngularJS會立即注入適當的樣板到ng-view前導指令。不過，由於引進了ngAnimate模組，便可以從中利用AngularJS的動畫掛鉤，以利我們在樣板進入和離開頁面時加入動畫特效。

CSS轉換、CSS動畫或JavaScript都能夠定義動畫，並且也有多種細部方式來建構其定義。CSS轉換與CSS動畫會利用ng-leave CSS類別掛鉤來定義動畫，而JavaScript動畫則是採用ngAnimate模組的leave()方法。

有一點十分重要，ng-view將同時觸發leave與enter事件，因此動畫的定義必須考量到這點，以免動畫特效發生衝突。

CSS3 轉換

轉換動畫只需定義開始及結束的狀態類別樣式。請記住，enter 和 leave 動畫是同時啟動的，因此在定義時必須認真考量過程中任何可能的重疊；或者引進延遲機制，以達成序列化。

由於 CSS 轉換能夠接收一個轉換延遲值，因此序列化便是完成這項需求的最簡單方法。針對滑入或滑出特效，請加入以下內容至樣式表：

```
(style.css)

.animate-container.ng-enter {
  /* 最後一項即是轉換延遲值 */
  transition: all 0.5s 0.5s;
}
.animate-container.ng-leave {
  transition: all 0.5s;
}
.animate-container.ng-enter,
.animate-container.ng-leave.ng-leave-active {
  top: -300px;
}
.animate-container.ng-leave,
.animate-container.ng-enter.ng-enter-active {
  top: 0px;
}
```

 提示

JSFiddle: http://jsfiddle.net/msfrisbie/y9de80ga/

CSS3 動畫

以 CSS keyframes 來完成相同的動畫，同樣也很簡單。keyframes 的百分比能讓我們設定時間長度來延後 enter 動畫，直到 leave 動畫完成。其程式碼如下所示：

```
(style.css)

.animate-container.ng-enter {
  animation: 1s view-enter;
}
```

```css
.animate-container.ng-leave {
  animation: 0.5s view-leave;
}
@keyframes view-enter {
  0%, 50% {
    top: -300px;
  }
  100% {
    top: 0px;
  }
}
@keyframes view-leave {
  0% {
    top: 0px;
  }
  100% {
    top: -300px;
  }
}
```

 提示

JSFiddle: http://jsfiddle.net/msfrisbie/penaakxy/

JavaScript 動畫

JavaScript 會需要我們手動新增及移除相關的 CSS 類別，並且明確地呼叫動畫。由於 AngularJS 與 jqLite 物件並沒有提供動畫方法，因此得使用 jQuery 物件的 `animate()` 方法。至於 jQuery 的 `delay()` 方法則能夠設定序列化動畫之間的延遲，相關的定義如下所示：

```javascript
(app.js)

angular.module('myApp', ['ngAnimate', 'ngRoute'])
.config(function ($routeProvider) {
  $routeProvider
  .when('/bar', {
    templateUrl: 'bar.html'
  })
  .otherwise({
    templateUrl: 'foo.html'
```

```
  });
})
.animation('.animate-container', function() {
  return {
    enter: function(element, done) {
      $(element)
      .css({
        'top': '-300px'
      });
      $(element)
      .delay(500)
      .animate({
        'top': '0px'
      }, 500, done);
    },
    leave: function(element, done) {
      $(element)
      .css({
        'top': '0px'
      });
      $(element)
      .animate({
        'top': '-300px'
      }, 500, done);
    }
  };
});
```

提示

JSFiddle: http://jsfiddle.net/msfrisbie/b4L35nrt/

這是如何運作的？

leave動畫狀態機器就如同於enter動畫的狀態機器。狀態機器類別的處理程序以十分類似的方式運作：循序加入起始與最終的動畫掛鉤類別，以便比對進出的元素。AngularJS採用和enter動畫相同的標準類別命名要求來為不同的動畫狀態命名，接下來的表格會列出leave動畫狀態機器的運作模式。

動畫元件的初始狀態定義如下：

element	`[<ng-view class="animate-container">`
	`  <div>`
	`    <span>Bar</span>`
	`  </div>`
	`</ng-view>]`

下表則呈現完整的 `leave` 動畫轉換程序：

事件	DOM

當引進全新的可見區域時，便呼叫 `$animate.leave()` 方法	`<ng-view class="animate-container">`
	`  <div>`
	`    <span>Bar</span>`
	`  </div>`
	`</ng-view>`

`$animate` 服務執行該元素中所定義的 JavaScript 動畫；並加入 `ng-animate` 類別	`<ng-view class="animate-container ng-`**`animate`**`">`
	`  <div>`
	`    <span>Bar</span>`
	`  </div>`
	`</ng-view>`

`$animate` 服務等待新的動畫處理周期	DOM 無變化

加入 `ng-leave` 類別至該元素	`<ng-view class="animate-container`
	`ng-animate `**`ng-leave`**`">`
	`  <div>`
	`    <span>Bar</span>`
	`  </div>`
	`</ng-view>`

`$animate` 服務讀取元素的樣式，以便取得 CSS 轉換或 CSS 動畫的定義	DOM 無變化
`$animate` 服務阻斷元素的 CSS 轉換，以便確保在不受干擾的情況下正確地套用 `ng-leave` 類別樣式	DOM 無變化
`$animate` 服務等待一張單一的動畫幀以執行重排	DOM 無變化
`$animate` 服務在元素中移除對於 CSS 轉換的攔阻	DOM 無變化

事件	DOM

加入 ng-leave-active 類別；觸發 CSS 轉換或 CSS 動畫	```html
	<ng-view class="animate-container ng-animate ng-leave **ng-leave-active**">
	  <div>
	    <span>Bar</span>
	  </div>
	</ng-view>
	``

$animate 服務等待動畫完成	DOM 無變化

動畫完成；從元素去除動畫類別	```html
	<ng-view class="animate-container">
	  <div>
	    <span>Bar</span>
	  </div>
	</ng-view>
	``

從 DOM 移除該元素	```html
	<ng-view class="animate-container">
	</ng-view>
	``

觸發 doneCallback() 方法（如果有提供）	DOM 無變化

提示

由於不會影響動畫的進行，本節故意忽略了 ng-scope 類別，但實際上它也存在於 DOM 元素中。

延伸閱讀

- 「以 ngIf 建立 enter 動畫」一節詳細說明了相應的 enter 事件。

以 ngRepeat 建立 move 動畫

當前導指令觸發 move（移動）事件時，AngularJS 便提供掛鉤來定義自訂動畫。在預設情況下，ngRepeat 是唯一會觸發 move 事件的前導指令。當過濾掉相鄰的項目，因而導致項目重排；或者是項目的內容被重排時，便會觸發本事件。

準備工作

假設想要將清單中個別項目的新增、移動或移除設計成動畫，新增和移除會從左手邊滑入、滑出，而移動事件則是上、下滑動。

119

在實作動畫之前，一開始所設置的結構如下：

```
(style.css)

.animate-container {
  position: relative;
  margin-bottom: -1px;
  width: 300px;
  text-align: center;
  border: 1px solid black;
  line-height: 40px;
}
.repeat-container {
  position: absolute;
}

(index.html)

<div ng-app="myApp">
  <div ng-controller="Ctrl">
    <div style="repeat-container">
      <input ng-model="search.val" />
      <button ng-click="shuffle()">Shuffle</button>
      <div ng-repeat="el in arr | filter:search.val"
          class="animate-container">
        <span>{{ el }}</span>
      </div>
    </div>
  </div>
</div>

(app.js)

angular.module('myApp', ['ngAnimate'])
.controller('Ctrl', function($scope) {
  $scope.arr = [10,15,25,40,45];

  // 實作 Knuth 的就地洗牌
  function knuthShuffle(a) {
    for(var i = a.length, j, k; i;
      j = Math.floor(Math.random() * i),
      k = a[--i],
      a[i] = a[j],
      a[j] = k);
      return a;
    }

  $scope.shuffle = function() {
```

```
    $scope.arr = knuthShuffle($scope.arr);
  };
});
```

 提示

本節的 ng-repeat 搜尋過濾器只是用來提供新增和移除清單元素的功能。由於搜尋過濾器不會重新排序 AngularJS 所定義的元素（將於後文說明），因此它不會產生 move 事件。

開始進行

當迭代集合的順序改變時，AngularJS 便注入適當的樣板到清單的對應位置裡，而同輩元素的索引也會立即移位。不過，由於引進了 ngAnimate 模組，便可以從中利用 AngularJS 的動畫掛鉤，以利我們去定義樣板在清單中移動時的動畫效果。

CSS 轉換、CSS 動畫或 JavaScript 都能夠定義動畫，並且也有多種細部方式來建構其定義。CSS 轉換與 CSS 動畫會利用 ng-move CSS 類別掛鉤來定義動畫，而 JavaScript 動畫是則採用 ngAnimate 模組的 move() 方法。

有一點十分重要，ng-repeat 將同時觸發 enter、leave 與 move 事件，因此動畫的定義必須考量到這點，以免動畫特效發生衝突。

CSS3 轉換

設計轉換動畫時，可以利用動畫掛鉤類別狀態來定義每種動畫類型的端點集合。集合中每個元素的動畫將同時啟動，因此在定義時必須認真考量過程中任何可能的重疊。

針對 enter 與 leave 事件定義滑入和滑出動畫，以及 move 事件的淡入/淡出效果，可加入下列內容到樣式表中：

```
(style.css)

.animate-container.ng-move {
  transition: all 1s;
  opacity: 0;
  max-height: 0;
```

```
}
.animate-container.ng-move-active {
  opacity: 1;
  max-height: 40px;
}
.animate-container.ng-enter {
  transition: left 0.5s, max-height 1s;
  left: -300px;
  max-height: 0;
}
.animate-container.ng-enter-active {
  left: 0px;
  max-height: 40px;
}
.animate-container.ng-leave {
  transition: left 0.5s, max-height 1s;
  left: 0px;
  max-height: 40px;
}
.animate-container.ng-leave-active {
  left: -300px;
  max-height: 0;
}
```

 提示

JSFiddle: http://jsfiddle.net/msfrisbie/f4puyv58/

CSS3 動畫

以 CSS `keyframes` 建立動畫，能讓我們明確地定義動畫區段之間的偏移量，有利於在不彼此互相影響的情況下設計 enter/leave 動畫。enter 與 leave 動畫在滑入至可見區域之前可以善用這項特性，將動畫設為全高效果。請加入以下內容至樣式表，以便完成前述需求：

```
(style.css)

.animate-container.ng-enter {
  animation: 0.5s item-enter;
}
.animate-container.ng-leave {
  animation: 0.5s item-leave;
}
```

```css
.animate-container.ng-move {
  animation: 0.5s item-move;
}
@keyframes item-enter {
  0% {
    max-height: 0;
    left: -300px;
  }
  50% {
    max-height: 40px;
    left: -300px;
  }
  100% {
    max-height: 40px;
    left: 0px;
  }
}
@keyframes item-leave {
  0% {
    left: 0px;
    max-height: 40px;
  }
  50% {
    left: -300px;
    max-height: 40px;
  }
  100% {
    left: -300px;
    max-height: 0;
  }
}
@keyframes item-move {
  0% {
    opacity: 0;
    max-height: 0px;
  }
  100% {
    opacity: 1;
    max-height: 40px;
  }
}
```

 提示

JSFiddle: http://jsfiddle.net/msfrisbie/1632jm5g/

JavaScript 動畫

即使所要求的結果同時具備序列化與平行化，JavaScript 也能以相當簡單的方式來定義，如下所示：

```
(app.js)

angular.module('myApp', ['ngAnimate'])
.controller('Ctrl', function($scope) {
  ...
})
.animation('.animate-container', function() {
  return {
    enter: function(element, done) {
      $(element)
      .css({
        'left': '-300px',
        'max-height': '0'
      });
      $(element)
      .animate({
        'max-height': '40px'
      }, 250)
      .animate({
        'left': '0px'
      }, 250, done);
    },
    leave: function(element, done) {
      $(element)
      .css({
        'left': '0px',
        'max-height': '40px'
      });
      $(element)
      .animate({
        'left': '-300px'
      }, 250)
      .animate({
        'max-height': '0'
      }, 250, done);
    },
    move: function(element, done) {
      $(element)
      .css({
        'opacity': '0',
        'max-height': '0'
      });
```

```
    $(element)
    .animate({
      'opacity': '1',
      'max-height': '40px'
    }, 500, done);
    }
  };
});
```

提示

JSFiddle: http://jsfiddle.net/msfrisbie/rjaq5tqc/

這是如何運作的？

move 動畫狀態機器十分類似於 enter 動畫。狀態機器類別的處理程序會循序加入起始與最終的動畫掛鉤類別，以便比對位於新索引中重新引進清單的元素。AngularJS 採用和 enter 動畫相同的標準類別命名要求，藉以為不同的動畫狀態命名。

注意

為了簡化起見，接下來針對狀態機器的說明將會涉及下列的調整與設想：

* 假設傳入一個 [1,2] 陣列給 ng-repeat 前導指令，當陣列的順序顛倒為 [2,1] 時，便觸發 move 事件。

* ng-repeat 過濾器被移除；搜尋過濾器無法觸發 move 事件。

* ng-scope 和 ng-binding 這兩個前導指令類別其實都會發生，但由於並不影響狀態機器，因此予以移除。

接下來的表格會列出 move 動畫狀態機器的運作模式。

動畫元件的初始狀態定義如下：

element	```[<div ng-repeat="el in arr" class="animate-container"> <span>1</span> </div>, <!-- end ngRepeat: el in arr -->]```
parentElement	null
afterElement	[<!-- ngRepeat: el in arr -->]

下表則呈現完整的 move 動畫轉換程序：

事件	DOM
呼叫 $animate.move() 方法	```<!-- ngRepeat: el in arr --> <div ng-repeat="el in arr" class="animate-container"> <span>1</span> </div> <!-- end ngRepeat: el in arr --> <div ng-repeat="el in arr " class="animate-container"> <span>2</span> </div> <!-- end ngRepeat: el in arr -->```
搬移該元素至 parentElement 內或 afterElement 旁	```<!-- ngRepeat: el in arr --> <div ng-repeat="el in arr" class="animate-container"> <span>2</span> </div> <!-- end ngRepeat: el in arr --> <div ng-repeat="el in arr " class="animate-container"> <span>1</span> </div> <!-- end ngRepeat: el in arr -->```

事件	DOM

$animate服務等待新的動畫處理周期；加入ng-animate	```html
	<!-- ngRepeat: el in arr -->
	<div ng-repeat="el in arr "
	    class="animate-container ng-animate">
	  <span>2</span>
	</div>
	<!-- end ngRepeat: el in arr -->
	<div ng-repeat="el in arr "
	    class="animate-container">
	  <span>1</span>
	</div>
	<!-- end ngRepeat: el in arr -->
	``

$animate服務執行該元素中所定義的JavaScript動畫	DOM無變化

加入ng-move前導指令至該元素的類別	```html
	<!-- ngRepeat: el in arr -->
	<div ng-repeat="el in arr"
	    class="animate-container
	  ng-animate ng-move">
	<span>2</span>
	</div>
	<!-- end ngRepeat: el in arr -->
	<div ng-repeat="el in arr "
	    class="animate-container">
	  <span>1</span>
	</div>
	<!-- end ngRepeat: el in arr -->
	``

$animate服務讀取元素的樣式，以便取得CSS轉換或CSS動畫的定義	DOM無變化
$animate服務阻斷元素的CSS轉換，以便確保在不受干擾的情況下正確地套用ng-move類別樣式	DOM無變化
$animate服務等待一張單一的動畫幀以執行重排	DOM無變化
$animate服務在元素中移除對於CSS轉換的攔阻	DOM無變化

事件	DOM
加入 ng-move-active 前導指令；觸發 CSS 轉換或 CSS 動畫	```<!-- ngRepeat: el in arr -->\n<div ng-repeat="el in arr"\n class="animate-container ng-animate\n ng-move ng-move-active">\n <span>2</span>\n</div>\n<!-- end ngRepeat: el in arr -->\n<div ng-repeat="el in arr "\n class="animate-container">\n <span>1</span>\n</div>\n<!-- end ngRepeat: el in arr -->```
$animate 服務等待動畫完成	DOM 無變化
動畫完成；從元素去除動畫類別	```<!-- ngRepeat: el in arr -->\n<div ng-repeat="el in arr"\n class="animate-container">\n <span>2</span>\n</div>\n<!-- end ngRepeat: el in arr -->\n<div ng-repeat="el in arr "\n class="animate-container">\n <span>1</span>\n</div>\n<!-- end ngRepeat: el in arr -->```
觸發 doneCallback() 方法（如果有提供）	DOM 無變化

還有更多

move 動畫的名稱可能令人有點混淆，因為 move 意味著開始和結束的位置。一種更好的思考方式是視其為次要的進入動畫，目的是展示出還未加入清單的新內容。請注意，當清單中元素的相對順序改變時，這些元素的 move 動畫都會同時發生；而當元素處於新位置時也會觸發動畫。

另請注意一點，即使有兩個元素的索引改變，也只會觸發一個 move 動畫，此乃根據枚舉集合內所定義的移動方式。AngularJS 會保留舊的集合順序，然後和新順序的內容進行比對，所有不符合的元素都會觸發 move 事件。例如，假設舊順序是 1、2、3、4、5，新順序為 5、4、2、1、3，那麼比較策略運作如下：

比較式	求值結果
old[0] == new[0]	假，觸發move事件
old[0] == new[1]	假，觸發move事件
old[0] == new[2]	假，觸發move事件
old[0] == new[3]	真，遞增舊順序的索引，直到抵達一個尚未見過的元素（2已經在新順序中出現過，因此跳到3）
old[0] == new[4]	真

提示

精明的開發者將發現一點，只要簡單地重洗順序，前述實作的比較規則就永遠無法將最後一個元素標示為「已搬移」。

延伸閱讀

■ 「錯開批次動畫」一節示範如何在ngRepeat上下文的批次事件之間引進動畫延遲機制。

以 ngShow 建立 addClass 動畫

當前導指令觸發addClass事件時，AngularJS便提供掛鉤來定義自訂動畫。底下的前導指令都會產生addClass事件：

■ ngShow：當ngShow（加入類別）運算式為真、並在內容設為可見之前，便觸發addClass事件。

■ ngHide：當ngHide運算式不為真、並在內容設為可見之前，便觸發addClass事件。

■ ngClass：在套用類別至元素之前觸發addClass事件。

■ ngForm：會觸發addClass事件以加入驗證類別。

■ ngModel：會觸發addClass事件以加入驗證類別。

■ ngMessages：在一筆或多筆訊息出現時觸發addClass事件以加入ng-active類別，或者在沒有任何訊息時觸發addClass事件以加入ng-inactive類別。

準備工作

假設想要在具有ng-show前導指令的DOM中設計淡出動畫，請記得，ng-show不會新增或移除DOM的任何東西；它僅僅是切換CSS的display（顯示）屬性，以便設定可見性。

在實作動畫之前，一開始所設置的結構如下：

```
(index.html)

<div ng-app="myApp">
  <div ng-controller="Ctrl">
    <button ng-click="displayToggle=!displayToggle">
      Toggle Visibility
    </button>
    <div class="animate-container" ng-show="displayToggle">
      Fade me out!
    </div>
  </div>
</div>

(app.js)

angular.module('myApp', ['ngAnimate'])
.controller('Ctrl',function($scope) {
  $scope.displayToggle = true;
});
```

開始進行

當ng-show運算式為false時，DOM元素便會立即隱藏。不過，由於引進了ngAnimate模組，便可以從中利用AngularJS的動畫掛鉤，以利我們從頁面移除元素時定義動畫特效。

CSS轉換、CSS動畫或JavaScript都能夠定義動畫，並且也有多種細部方式來建構其定義。CSS轉換與CSS動畫會利用addClass CSS類別掛鉤來定義動畫，而JavaScript動畫則是採用ngAnimate模組的addClass()方法。

CSS 轉換

若想以 CSS 轉換設計淡入效果，只需在加入 ng-hide 類別時貼附相反的 opacity（透明）值。請留意，ng-show 和 ng-hide 僅是透過 addClass 及 removeClass 動畫事件來切換 ng-hide 類別的存在。做法如下所示：

```
(style.css)

.animate-container.ng-hide-add {
  transition: all linear 1s;
  opacity: 1;
}
.animate-container.ng-hide-add.ng-hide-add-active {
  opacity: 0;
}
```

提示

JSFiddle: http://jsfiddle.net/msfrisbie/bewso5sd/

CSS 動畫

設計 CSS 動畫和 CSS 轉換一樣簡單，如下所示：

```
(style.css)

.animate-container.ng-hide-add {
  animation: 1s fade-out;
}
@keyframes fade-out {
  0% {
    opacity: 1;
  }
  100% {
    opacity: 0;
  }
}
```

提示

JSFiddle: http://jsfiddle.net/msfrisbie/aez97r46/

JavaScript 動畫

JavaScript會需要我們手動新增及移除相關的CSS類別，並且明確地呼叫動畫。由於 AngularJS與jqLite物件並沒有提供動畫方法，因此得使用jQuery物件的 `animate()` 方法。做法如下所示：

```
(app.js)

angular.module('myApp', ['ngAnimate'])
.controller('Ctrl', function($scope) {
  $scope.displayToggle = true;
})
.animation('.animate-container', function() {
  return {
    addClass: function(element, className, done) {
      if (className==='ng-hide') {
        $(element)
        .removeClass('ng-hide')
        .css('opacity', 1)
        .animate(
          {'opacity': 0},
          1000,
          function() {
            $(element)
            .addClass('ng-hide')
            .css('opacity', 1);
            done();
          }
        );
      } else {
        done();
      }
    }
  };
});
```

提示

JSFiddle: http://jsfiddle.net/msfrisbie/4taoda1e/

此處請留意,雖然動畫使用了opacity值,但元素的隱藏並不是由它執行的。一旦使用於動畫之後,其值必須重置為1,以免干擾到隨後的顯示切換。

這是如何運作的?

無論類別定義了什麼內容,ngAnimate都能夠為該類別提供動畫掛鉤,來加入動畫定義。在ng-show前導指令的上下文中,ng-hide CSS類別被隱性定義於AngularJS內部,然而動畫掛鉤與原始類別是完全無耦合的,以便提供全新的動畫定義介面。接下來的表格會列出addClass動畫狀態機器的運作模式。

動畫元件的初始狀態定義如下:

element	`<div class="animate-container"`
	 `    ng-show="displayToggle">`
	 `  Fade me out!`
	 `</div>`

className	`'ng-hide'`

下表則呈現完整的addClass動畫轉換程序:

事件	DOM

呼叫 $animate.addClass(element, 'nghide') 方法	`<div class="animate-container"`
	 `    ng-show="displayToggle">`
	 `  Fade me out!`
	 `</div>`

$animate服務執行該元素中所定義的JavaScript動畫;並加入ng-animate	`<div class="animate-container `**`ng-animate`**`"`
	 `    ng-show="displayToggle">`
	 `  Fade me out!`
	 `</div>`

加入 .ng-hide-add類別至該元素	`<div class="animate-container ng-animate`
	 `    ng-hide-add``"`
	 `    ng-show="displayToggle">`
	 `  Fade me out!`
	 `</div>`

$animate服務等待一張單一的動畫幀以執行重排	DOM無變化

133

事件	DOM
加入 .ng-hide 與 .ng-hideadd-active 類別（觸發 CSS 轉換/動畫）	```<div class="animate-container ng-animate` ` ng-hide ng-hide-add` ` ng-hideadd-active"` ` ng-show="displayToggle">` ` Fade me out!` `</div>```
$animate 服務掃描元素的樣式，以便取得 CSS 轉換/動畫的持續及延遲時間	DOM 無變化
$animate 服務等待動畫完成（透過事件與逾時機制）	DOM 無變化
動畫結束，從元素移除所有產生的 CSS 類別	```<div class="animate-container ng-hide"` ` ng-show="displayToggle">` ` Fade me out!` `</div>```
元素仍然保留 ng-hide 類別	DOM 無變化
觸發 doneCallback() 回呼方法（如果有提供）	DOM 無變化

延伸閱讀

■ 「以 ngClass 建立 removeClass 動畫」一節詳細說明了相應的 removeClass 事件。

以 ngClass 建立 removeClass 動畫

當前導指令觸發 removeClass（移除類別）事件時，AngularJS 便提供掛鉤來定義自訂動畫。底下的前導指令都會產生 removeClass 事件：

■ ngShow：當 ngShow 運算式不為真、並在內容設為隱藏之前，便觸發 removeClass 事件。

■ ngHide：當 ngHide 運算式為真、並在內容設為隱藏之前，便觸發 removeClass 事件。

■ ngClass：從元素移除類別之前觸發 removeClass 事件。

■ ngForm：會觸發 removeClass 事件以移除驗證類別。

■ ngModel：會觸發 removeClass 事件以移除驗證類別。

■ ngMessages：在一筆或多筆訊息出現時觸發 removeClass 事件以移除 ng-inactive 類別，或者在沒有任何訊息時觸發 addClass 事件以加入 ng-active 類別。

準備工作

假設想要在移除類別時讓 div 元素滑出可見區域，請記得，ng-class 不會新增或移除 DOM 的任何元素；它僅僅是加入或移除定義於前導指令運算式內部的類別而已。

在實作動畫之前，一開始所設置的結構如下：

```
(style.css)

.container {
  background-color: black;
  width: 200px;
  height: 200px;
  ovrflow: hidden;
}
.prompt {
  position: absolute;
  margin: 10px;
  font-family: courier;
  color: lime;
}
.cover {
  position: relative;
  width: 200px;
  height: 200px;
  left: 200px;
  background-color: black;
}
.blackout {
  left: 0;
}


(index.html)

<div ng-app="myApp">
  <div ng-controller="Ctrl">
    <button ng-click="displayToggle=!displayToggle">
      Toggle Visibility
    </button>
    <div class="container">
      <span class="prompt">Wake up, Neo...</span>
      <div class="cover"
        ng-class="{blackout: displayToggle}">
      </div>
    </div>
  </div>
</div>
```

```
</div>

(app.js)

angular.module('myApp', ['ngAnimate'])
.controller('Ctrl', function($scope) {
  $scope.displayToggle = true;
});
```

開始進行

當 ng-class 運算式的 blackout 值為 false 時，便立即被去除。不過，由於引進了 ngAnimate 模組，便可以從中利用 AngularJS 的動畫掛鉤，以利我們在移除類別時定義動畫特效。

CSS 轉換、CSS 動畫或 JavaScript 都能夠定義動畫，並且也有多種細部方式來建構其定義。CSS 轉換與 CSS 動畫會利用 removeClass CSS 類別掛鉤來定義動畫，而 JavaScript 動畫則是採用 ngAnimate 模組的 removeClass() 方法。

CSS 轉換

若想以 CSS 轉換設計滑出效果，只需定義左側的定位距離。請留意，ng-class 僅是透過 addClass 及 removeClass 動畫事件來切換 blackout 類別的存在。做法如下所示：

```
(style.css)

.blackout-remove {
  left: 0;
}
.blackout-remove {
  transition: all 3s;
}
.blackout-remove-active {
  left: 200px;
}
```

 提示

JSFiddle: http://jsfiddle.net/msfrisbie/L6u4nzv7/

CSS 動畫

設計 CSS 動畫和 CSS 轉換一樣簡單，如下所示：

```
(style.css)

.blackout-remove {
  animation: 1s slide-out;
}
@keyframes slide-out {
  0% {
    left: 0;
  }
  100% {
    left: 200px;
  }
}
```

 提示

JSFiddle: http://jsfiddle.net/msfrisbie/oq5ha3zq/

JavaScript 動畫

JavaScript 會需要我們手動新增及移除相關的 CSS 類別，並且明確地呼叫動畫。由於 AngularJS 與 jqLite 物件並沒有提供動畫方法，因此得使用 jQuery 物件的 animate() 方法。做法如下所示：

```
(app.js)

angular.module('myApp', ['ngAnimate'])
.controller('Ctrl', function($scope) {
  $scope.displayToggle = true;
})
.animation('.blackout', function() {
  return {
    removeClass: function(element, className, done){
      if (className==='blackout') {
        $(element)
        .removeClass('blackout')
        .css('left', 0)
        .animate(
          {'left': '200px'},
```

```
        3000,
        function() {
          $(element).css('left','');
          done();
        }
      );
    } else {
      done();
    }
  }
};
});
```

 提示

JSFiddle: http://jsfiddle.net/msfrisbie/4dnokg2o/

這是如何運作的？

無論類別定義了什麼內容，ngAnimate 都能夠為該類別提供動畫掛鉤，來加入動畫定義。在 ng-class 前導指令的上下文中，blackout CSS 類別是被明確定義的，動畫掛鉤則建置於類別名稱之上。接下來的表格會列出 removeClass 動畫狀態機器的運作模式。

動畫元件的初始狀態定義如下：

element	`<div class="cover blackout`
	`  ng-class="{blackout: displayToggle}">`
	`</div>`

className	'blackout'

下表則呈現完整的 removeClass 動畫轉換程序：

事件	DOM

呼叫 $animate.
removeClass(element, 'blackout')
方法
	`<div class="cover blackout`
	`  ng-class="{blackout:`
	`  displayToggle}">`
	`  Fade me out!`
	`</div>`

$animate 服務執行該元素中所定義的
JavaScript 動畫；並加入 ng-animate
	`<div class="cover blackout ng-animate"`
	`  ng-class="{blackout:`
	`  displayToggle}">`
	`</div>`

加入 .blackout-remove 類別至該元素	`<div class="cover blackout ng-animate`
	  `blackout-remove"`
	`ng-class="{blackout:`
	`displayToggle}">`
	`</div>`

$animate 服務等待一張單一的動畫幀以執行重排	DOM 無變化

加入 .blackout-remove-active 類別，移除 .blackout（觸發 CSS 轉換/動畫）	`<div class="cover ng-animate`
	  `blackout-remove`
	  `blackout-removeactive"`
	`ng-class="{blackout:displayToggle}">`
	`</div>`

$animate 服務掃描元素的樣式，以便取得 CSS 轉換/動畫的持續及延遲時間	DOM 無變化
$animate 服務等待動畫完成（透過事件與逾時機制）	DOM 無變化

動畫結束，從元素移除所有產生的 CSS 類別	`<div class="cover"`
	`ng-class="{blackout:displayToggle}">`
	`</div>`

觸發 doneCallback() 回呼方法（如果有提供）	DOM 無變化

延伸閱讀

■ 「以 ngShow 建立 addClass 動畫」一節詳細說明了相應的 addClass 事件。

錯開批次動畫

AngularJS 提供了原生的交錯式動畫支援，能夠將一批動畫串接起來。這種情況通常只會發生在 ng-repeat 的下上文中。

準備工作

假設實作了 ng-repeat 動畫，如下所示：

```
(style.css)

.container {
  line-height: 30px;
}
.container.ng-enter,
.container.ng-leave,
.container.ng-move {
```

```
    transition: all linear 0.2s;
}
.container.ng-enter,
.container.ng-leave.ng-leave-active,
.container.ng-move {
  opacity: 0;
  max-height: 0;
}
.container.ng-enter.ng-enter-active,
.container.ng-leave,
.container.ng-move.ng-move-active {
  opacity: 1;
  max-height: 30px;
}

(index.html)

<div ng-app="myApp">
  <div ng-controller="Ctrl">
    <input ng-model="search" />
    <div ng-repeat="name in names | filter:search"
        class="container">
      {{ name }}
    </div>
  </div>
</div>

(app.js)

angular.module('myApp', ['ngAnimate'])
.controller('Ctrl', function($scope) {
  $scope.names = [
    'Jake',
    'Henry',
    'Roger',
    'Joe',
    'Robert',
    'John'
  ];
});
```

開始進行

由於動畫是透過 CSS 轉換來完成，因此可加入下列內容來完成這項需求：

```
(style.css)

.container.ng-enter-stagger,
.container.ng-leave-stagger,
.container.ng-move-stagger {
  transition-delay: 0.2s;
  transition-duration: 0;
}
```

 提示

JSFiddle: http://jsfiddle.net/msfrisbie/emxsze4q/

這是如何運作的？

輸入「J」過濾前述的資料集時，將導致若干元素被移除，而元素的索引也會產生變化，所有的變化都會對應到一個動畫事件。由於動畫是同時發生的，AngularJS 可利用單一重排以及佇列式的動畫執行，藉以避免多次重排所造成的昂貴代價。

基本上 -stagger 類別的行為有如連續動畫之間的墊片。並非平行處理所有的動畫，而是依序執行，並藉由額外的交錯轉換進行控制。

還有更多

此外，也可以利用 keyframes 錯開動畫，如下所示：

```
(style.css)

.container.ng-enter-stagger,
.container.ng-leave-stagger,
.container.ng-move-stagger {
  animation-delay: 0.2s;
  animation-duration: 0;
}
.container.ng-leave {
  animation: 0.5s repeat-leave;
}
.container.ng-enter {
  animation: 0.5s repeat-enter;
}
.container.ng-move {
```

```
  animation: 0.5s repeat-move;
}
@keyframes repeat-enter {
  from {
    opacity: 0;
    max-height: 0;
  }
  to {
    opacity: 1;
    max-height: 30px;
  }
}
@keyframes repeat-leave {
  from {
    opacity: 1;
    max-height: 30px;
  }
  to {
    opacity: 0;
    max-height: 0;
  }
}
@keyframes repeat-move {
  from {
    opacity: 0;
    max-height: 0;
  }
  to {
    opacity: 1;
    max-height: 30px;
  }
}
```

 提示

JSFiddle: http://jsfiddle.net/msfrisbie/bbetcp1m/

延伸閱讀

■ 「以 ngRepeat 建立 move 動畫」一節列出所有利用 neRepeat 前導指令事件設計動畫的
複雜細節。

第 4 章

雕塑與組織應用程式

本章涵蓋以下內容：

- 手動引導啟動應用程式

- 安全地使用 $apply

- 對應用程式檔案及模組進行組織

- 從使用者端隱藏 AngularJS

- 管理應用程式樣板

- 「控制器 as」語法

簡介

本章將探索讓應用程式維持整潔的策略 —— 視覺化、結構化和組織化。

手動引導啟動應用程式

在初始化 AngularJS 應用程式時，我們經常允許框架以 ng-app 前導指令透通地執行。當貼附至 DOM 節點時，如果觸發了 DOMContentLoaded 事件，或者框架腳本的 document.readyState === 'complete' 敘述為真，應用程式便會自動初始化。ng-app 前導指令會先剖析 DOM，然後指定應用程式的根元素。接著初始化自身，並且編譯應用程式樣板。不過，在某些情境下，我們可能會想要有更多的控制權，而 AngularJS 則提供了 angular.bootstrap() 來達成目的。可能的情境如下：

- 應用程式使用了腳本載入器。

- 打算在 AngularJS 開始編譯前修改樣板。

- 打算在相同頁面使用多個 AngularJS 應用程式。

準備工作

以手動引導啟動時，應用程式將不再使用 ng-app 前導指令。假設應用程式的樣板如下所示：

```
(index.html)

<!doctype html>
<html>
  <body>
    <div ng-controller="Ctrl">
      {{ mydata }}
    </div>
    <script src="angular.js"></script>
    <script src="app.js"></script>
  </body>
</html>

(app.js)

angular.module('myApp', [])
.controller('Ctrl', function($scope) {
  $scope.mydata = 'Some scope data';
});
```

開始進行

在載入 angular.js 檔案後，AngularJS 的初始化需要由某個事件觸發，而且必須指向到一個 DOM 元素，以作為應用程式的根節點。下列方式可達到此目的：

```
(app.js)

angular.module('myApp', [])
.controller('Ctrl', function($scope) {
  $scope.mydata = 'Some scope data';
});

angular.element(document).ready(function() {
```

```
  angular.bootstrap(document, ['myApp']);
});
```

 提示

JSFiddle: http://jsfiddle.net/msfrisbie/5nfgyxsz/

這是如何運作的？

angular.bootstrap() 方法可用來連結既有的應用程式模組至指定的 DOM 根節點。
在本例中，jqLite 的 ready() 方法會傳遞一個回呼函數，藉以指示瀏覽器的 document
物件應作為 myApp 應用程式模組的根節點。如果是採用 ng-app 做自動引導，那麼相應
的方式大致如下：

```
(index.html)

<!doctype html>
<html ng-app="myApp">
  <body>
    <div ng-controller="Ctrl">
      {{ mydata }}
    </div>
    <script src="angular.js"></script>
    <script src="app.js"></script>
  </body>
</html>
```

還有更多

一般並不要求以 <html> 元素作為應用程式的根節點，如果只需要管理 DOM 的子集合，
那麼輕鬆地連結應用程式到一個內層的 DOM 元素即可，如下所示：

```
(index.html)

<!doctype html>
<html ng-app="myApp">
  <body>
    <div id="child">
      <div ng-controller="Ctrl">
        {{ mydata }}
```

```
      </div>
    </div>
    <script src="angular.js"></script>
    <script src="app.js"></script>
  </body>
</html>

(app.js)

angular.module('myApp', [])
.controller('Ctrl', function($scope) {
  $scope.mydata = 'Some scope data';
});
angular.element(document).ready(function() {
  angular.bootstrap(document.getElementById('child'), ['myApp']);
});
```

 提示

JSFiddle: http://jsfiddle.net/msfrisbie/k4nn5Lha/

安全地使用 $apply

在開發 AngularJS 應用程式的過程中，一定會越來越熟悉 $apply() 及其實作。當 $apply() 階段正在進行時，便無法再呼叫 $apply() 函數而不導致 AngularJS 發生異常。若是較為簡單的應用程式，還能透過仔細與有條不紊的呼叫 $apply() 來解決問題；然而，一旦應用程式納入第三方擴充功能並且密集使用 DOM 事件後，前述方法將益加困難。並且隨之而來的問題是呼叫 $apply 的必要性也會變得難以確定。

當需要觸發 $apply() 時，由於完全有可能確定應用程式的狀態，因此可以建立 $apply() 的封裝器，藉以達到此目的。然後只在非 $apply 階段條件式地呼叫 $apply()，基本上就是產生一個等冪的 $apply() 方法。

 提示

本節包含了被 AngularJS 維基認為是反模式的內容，但引出了有關於應用程式生命週期以及建構範圍工具的有趣討論。作為補償，本節也提供了一種更適當的解決方案。

準備工作

假設應用程式的內容如下：

```
(index.html)

<div ng-app="myApp">
  <div ng-controller="Ctrl">
    <button ng-click="increment()">Increment</button>
    {{ val }}
  </div>
</div>

(app.js)

angular.module('myApp',[])
.controller('MainController', function($scope) {
  $scope.val = 0;

  $scope.increment = function() {
    $scope.val++;
  };

  setInterval(function() {
    $scope.increment();
  }, 1000);
});
```

 提示

AngularJS 有自己的 $interval 服務，能夠改善前述程式碼的問題，不過本節只是試圖展示 safeApply() 可能會派上用場的情境。

開始進行

本例的 setInterval() 意味著正發生 DOM 事件，但 AngularJS 並不會去注意它。此模型已被正確修改，不過 AngularJS 的資料繫結機制並不會將異動擴及到可見區域中。按鈕點擊事件使用了一個會啟動 $apply 階段的前導指令，這種做法尚能接受；然而，由於它已經存在，因此點擊按鈕便會更新 DOM，但 setInterval() 回呼函數則不會。

更糟的是，結合 increment() 方法內部的 $scope.$apply() 呼叫並不能解決前述問題。此乃因為當點擊按鈕時，該方法會試圖觸發正處於 $apply 階段的 $apply() 方法，如同前文所述，此舉將引發異常。然而，setInterval() 回呼函數倒是能正常運作。

理想的解決方案是對這兩個事件重複使用相同的方法，但只在需要時條件式地呼叫 $apply()。達到此目的最直觀且改變幅度最小的方式是貼附 safeApply() 方法到應用程式的父控制器範圍，並讓繼承機制發揮效用，如下所示：

```
(app.js)

angular.module('myApp', [])
.controller('Ctrl', function ($scope) {
  $scope.safeApply = function (func) {
    var currentPhase = this.$root.$$phase;

    // 檢查是否已處於 $apply/$digest 階段
    if (currentPhase === '$apply' ||
        currentPhase === '$digest') {
      // 已處於 $apply/$digest 階段

      // 如果 safeApply() 傳遞了一個函數，則呼叫它
      if (typeof func === 'function') {
        func();
      }
    } else {
      // 不處於 $apply/$digest 階段，可放心呼叫 $apply
      this.$apply(func);
    }
  };

  $scope.val = 0;

  // 從某處呼叫的方法不會觸發 $digest
  $scope.increment = function () {
    $scope.val++;
    $scope.safeApply();
  };

  // 應用程式元件會修改模型而不觸發 $digest
  setInterval(function () {
    $scope.increment();
  }, 1000);
});
```

提示

JSFiddle: http://jsfiddle.net/msfrisbie/pnhmo2gx/

這是如何運作的？

讀取應用程式根範圍的 $$phase 屬性，就能確認應用程式目前的階段。倘若正處於 $apply 或 $digest 階段，便不應該呼叫 $apply()。其原因為 $scope.$digest() 方法會檢查任何繫結值是否有發生變化，不過只能在發生非 AngularJS 事件之後被呼叫。$scope.$apply() 方法可為我們代勞，它會在接收函數並進行求值後呼叫 $digest()。因此，safeApply() 方法內部只有在應用程式不處於前述階段時，方能呼叫 $apply()。

還有更多

當所有使用 safeApply() 的範圍都繼承其定義的控制器範圍時，前述範例才能正常運作。即使如此，在應用程式的引導啟動過程中，控制器的初始化是相對較晚的，所以直到那時方能觸發 safeApply()。此外，於控制器中定義類似 safeApply() 的內容，將引進一些問題程式碼，因為會使人傾向於將方法隱含在整個應用程式的範圍，而不用委派給特定的控制器。

一種更可靠的方式是以 config 階段的方法來裝飾應用程式的 $rootScope。此舉能夠確保適用於任何嘗試使用的服務、控制器或前導指令，如下所示：

```
(app.js)

angular.module('myApp', [])
.config(function($provide) {
  // 為 $rootScope 服務定義裝飾器
  return $provide.decorator('$rootScope', function($delegate) {
    // $delegate 充當 $rootScope 實例
    $delegate.safeApply = function(func) {
      var currentPhase = $delegate.$$phase;
      // 檢查是否已處於 $apply/$digest 階段
      if (currentPhase === "$apply" ||
          currentPhase === "$digest") {
        // 已處於 $apply/$digest 階段
```

```
        // 如果 safeApply() 傳遞了一個函數，則呼叫它
        if (typeof func === 'function') {
          func();
        }
      }
      else {
        // 不處於 $apply/$digest 階段，可放心呼叫 $apply
        $delegate.$apply(func);
      }
    };
    return $delegate;
  });
})
.controller('Ctrl', function ($scope) {
  $scope.val = 0;

  // 從某處呼叫的方法不會觸發 $digest
  $scope.increment = function () {
    $scope.val++;
    $scope.safeApply();
  };

  // 應用程式元件會修改模型而不觸發 $digest
  setInterval(function () {
    $scope.increment();
  }, 1000);
});
```

 提示

JSFiddle: http://jsfiddle.net/msfrisbie/a0xcn9y4/

注意到反模式（Anti-pattern）

AngularJS 維基指出，如果應用程式需要使用諸如 safeApply() 的結構，那麼 $scope.$apply() 方法在呼叫堆疊中的位置是不夠高的。這倒是真的，倘若能夠避免使用 safeApply()，就應該這麼做。話雖如此，仍然很容易能夠想到一些類似於本節範例的情境，對較小型的應用程式而言，safeApply() 能讓程式碼維持 DRY 與精簡，這或許是可接受的。

相反地，嚴謹的開發者可能就無法接受，並且希望除了透過艱苦的程式碼重構外，能夠找到普遍的解決方案。其中一種方式便是利用 $timeout，如下所示：

```
(app.js)

angular.module('myApp', [])
.controller('Ctrl', function ($scope, $timeout) {
  $scope.val = 0;

  // 從某處呼叫的方法不會觸發 $digest
  $scope.increment = function () {
    // 於 $timeout 承諾中封裝模型的修改
    $timeout(function() {
      $scope.val++;
    });
  };

  // 應用程式元件會修改模型而不觸發 $digest
  setInterval(function () {
    $scope.increment();
  }, 1000);
});
```

提示

JSFiddle: http://jsfiddle.net/msfrisbie/sagmbkft/

$timeout 是 AngularJS 的 window.setTimeout 封裝器，其目的是有效地安排承諾內部的模型修改並儘速解析，且於無任何後果的情況下呼叫 $apply。通常只要遞延的 $apply 階段不影響應用程式的其他部分，這項方案便是可接受的。

對應用程式檔案及模組進行組織

當專案內的應用程式檔案及模組的組織有如垃圾時，是很難讓人在裡頭工作的，尤其是當應用程式是由他人所撰寫時更是如此。維持應用程式檔案樹和模組階層的整潔，長期而言將為我們以及其他閱讀並使用程式碼的人節省大量時間。

準備工作

假設該應用程式是作為一般的電子商務網站，為顧客提供了瀏覽、購買商品，以及發表評論等功能。

開始進行

遵循接下來的準則能夠使應用程式既精簡又整潔,且能夠加以擴充卻又不至臃腫。

一個模組、一個檔案與一個名稱

這似乎顯而易見,但遵循「一個模組、一個檔案與一個名稱」準則的好處十分多:

■ 一個檔案只存放一個模組。如果需要的話,可於其他子目錄或檔案擴充此模組,但 angular.module('my-module') 只能出現一次。一個檔案不應該包含兩個不同模組的全部或部分內容。

■ 以模組來命名檔案。例如,inventory-controller.js 這個名稱應該能夠充分表達出裡頭的內容。

■ 模組名稱要能夠反映所在的階層。例如,位於 /inventory/inventory-controller.js 內的模組應該接續 inventory.controller 的名稱來命名,以便指出其階層。

讓相關的檔案靠近,讓單元測試靠得更近

測試檔案的適當位置及組織並不總是很明顯,因此並不強制要求須遵守這條樣式準則,然而使用統一的命名與組織慣例,能夠在日後避免掉許多頭痛問題。本方法詳述如下:

■ 將受測的檔案名稱再加上「_test」來作為單元測試的檔案名稱。例如,inventory-controller.js 模組的單元測試位於 inventory-controller_test.js。

■ 將單元測試與 JS 檔案放置於相同的資料夾,此舉能夠鼓勵我們去撰寫測試。此外,也毋須再花費時間鏡射測試的資料結構到應用程式目錄(「第 6 章 AngularJS 與測試」有關於測試程序的更多細節)。

依照功能,而非元件類型做分組

依照元件類型歸類的應用程式(所有前導指令在一處,而所有控制器在另外一處),其擴充性十分糟糕。檔案與模組的位置應該要能夠反映它們在 AngularJS 的相依性,詳述如下:

- 依功能做分類，此舉可讓檔案和模組結構表達出應用程式的連結方式。一旦應用程式有所擴充，程式碼才能保持整潔與合理性，在執行時也更符合其目錄結構。
- 功能式的群組同時也能切割大型功能成為巢狀目錄結構。

不要和重用性作對

應用程式的某些功能會被四處使用，但有些部分可能只使用一次。而應用程式的結構應該反映出這點，方式如下：

- 將應用程式共用、非特殊的元件保持在 components/ 目錄下，該目錄同時也能存放一些共用的資源檔，以及其他共享的應用程式片段。
- 前導指令、服務與過濾器都是可能會大量重用的應用程式元件，如果確實合宜，那麼別猶豫，直接將其放置在 components/ 目錄。

目錄結構範例

有了先前的提示後，前文曾提及的電子商務應用程式如下所示：

```
ng-commerce/
  index.html
  app.js
  app-controller.js
  app-controller_test.js
  components/
    login/
      login.js
      login-controller.js
      login-controller_test.js
      login-directive.js
      login-directive_test.js
      login.css
      login.tpl.html
    search/
      search.js
      search-directive.js
      search-directive_test.js
      search-filter.js
      search-filter_test.js
      search.css
      search.tpl.html
```

153

```
shopping-cart/
  checkout/
    checkout.js
    checkout-controller.js
    checkout-controller_test.js
    checkout-directive.js
    checkout-directive_test.js
    checkout.tpl.html
    checkout.css
  shopping-cart.js
  shopping-cart-controller.js
  shopping-cart-controller_test.js
  shopping-cart.tpl.html
  shopping-cart.css
```

app.js是最上層的組態檔案，內含路由定義與初始化邏輯。和目錄同名的JS檔則是繫結所有目錄模組在一起的組合檔案。

CSS檔案僅為同名目錄下的同名元件提供樣式，而樣板也是遵循此慣例。

從使用者端隱藏AngularJS

AngularJS既獨特又優雅，不過由於它是在用客戶端程式碼中非同步地執行，因此會有幾個問題需要考量。其中一個問題是初次傳遞初始化的延遲，尤其是當應用程式的JS檔案位於頁面的尾端時，便有可能會遇到「樣板閃爍」的現象；在AngularJS引導啟動和編譯頁面之前，使用者會看到尚未編譯的樣板。不過只要利用ng-cloak便可以優雅地防止此狀況。

準備工作

假設應用程式的內容如下所示：

```
(index.html)

<body>
  {{ youShouldntSeeThisBecauseItIsUndefined }}
</body>
```

開始進行

解決方案是簡單地宣告一些 DOM 區塊，指示瀏覽器將其隱藏，直到 AngularJS 給予不同的指示。藉由 ng-cloak 前導指令便能夠達到這點，如下所示：

```
(app.css)
/* 這段 css 規則是由 angular.js 檔案提供，如果未於 <head> 含括 AngularJS 的話，
就得自行定義樣式 */

[ng\:cloak], [ng-cloak], [data-ng-cloak], [x-ng-cloak], .ng-cloak,
.x-ng-cloak {
  display: none !important;
}

(index.html)

<body ng-cloak>
  {{ youShouldntSeeThisBecauseItIsUndefined }}
</body>
```

 提示

JSFiddle: http://jsfiddle.net/msfrisbie/6tnxoozn/

這是如何運作的？

瀏覽器會隱藏套用 ng-cloak 的任何區段，當 AngularJS 開始編譯應用程式樣板後，便會刪除 ng-cloak 前導指令。因此只有在編譯完成後才會揭露頁面，有效地避免使用者看到未編譯的樣板內容。在本例中，由於整個 <body> 元素帶有 ng-cloak 前導指令，因此除非 AngularJS 完成初始化與網頁的編譯，否則使用者只會看到空白頁面。

還有更多

隱藏整個應用程式直到完成準備，這一點或許不是那麼必要。首先，如果只打算編譯頁面的一或多個子集合，就應該透過劃分 ng-cloak 到那些區段達到前述目的。通常在組合頁面時，最好是能讓使用者看到一些內容而非空白畫面。再者，拆解 ng-cloak 到不同的位置，可讓頁面逐步呈現編譯後的元件。這可能會帶來更快載入的感覺，因為可以將編譯好的片段先顯示出來，而不是等待所有的事物都一併完成。

管理應用程式樣板

在單一頁面的應用程式中，我們會需要管理應用程式的許多樣板。AngularJS 內建了許多樣板管理方案，它們為應用程式提供一系列的方式來處理樣板的遞送。

準備工作

假設應用程式使用了底下的樣板：

```
<div class="btn-group">
  #{{ player.number }} {{ player.name }}
</div>
```

樣板的內容並不重要，它僅僅是展示該樣板包括 HTML 和未編譯的 AngularJS 內容而已。

此外，假設下列前導指令嘗試使用前述樣板：

```
(app.js)

angular.module('myApp', [])
.directive('playerBox', function() {
  return {
    link: function(scope) {
      scope.player = {
        name: 'Jimmy Butler',
        number: 21
      };
    }
  };
});
```

上層樣板的內容則如下所示：

```
(index.html)

<div ng-app="myApp">
  <player-box></player-box>
</div>
```

開始進行

有四種主要的方法能提供樣板的 HTML 給前導指令，它們都會填入樣板到 $templateCache，而這是前導指令和其他負責找尋樣板的元件第一個搜索的地方。

字串樣板

AngularJS 能夠從未編譯的 HTML 字串產生樣板，如下所示：

```
(app.js)

angular.module('myApp', [])
.directive('playerBox', function() {
  return {
    template: '<div>' +
      ' #{{ player.number }} {{ player.name }}' +
      '</div>',
    link: function(scope) {
      scope.player = {
        name: 'Jimmy Butler',
        number: 21
      };
    }
  };
});
```

提示

JSFiddle: http://jsfiddle.net/msfrisbie/8ct0u33z/

遠端伺服器樣板

當元件在 $templateCache 找不到所需的樣板時，就會發出請求到伺服器的對應位置，接著樣板便會送入至 $templateCache。實際做法如下：

```
(app.js)

angular.module('myApp', [])
.directive('playerBox', function() {
  return {
    // 試圖從相對的 URL 取得樣板
    templateUrl: '/static/js/templates/player-box.html',
    link: function(scope) {
      scope.player = {
        name: 'Jimmy Butler',
        number: 21
      };
    }
  };
});
```

伺服器上的檔案目錄結構則如下所示：

```
yourApp/
  static/
    js/
      templates/
        player-box.html
```

使用 ng-template 的內嵌樣板

也有可能以註冊的方式取得樣板。在 `<script>` 標籤加上 `type="text/ng-template"`，然後為 `id` 屬性設定鍵值以供 `$templateCache` 使用，如此一來，其內部的 HTML 便會被註冊並可用於應用程式中，如下所示：

```
(app.js)

angular.module('myApp', [])
.directive('playerBox', function() {
  return {
    templateUrl: 'player-box.html',
    link: function(scope) {
      scope.player = {
        name: 'Jimmy Butler',
        number: 21
      };
    }
  };
});

(index.html)

<div ng-app="myApp">
  <player-box></player-box>

  <script type="text/ng-template" id="player-box.html">
    <div>
      #{{ player.number }} {{ player.name }}
    </div>
  </script>
</div>
```

 提示

JSFiddle: http://jsfiddle.net/msfrisbie/kg95bn9g/

於快取中預定義樣板

更簡潔的做法是在應用程式啟動時便直接插入樣板到 $templateCache，如下所示：

```
(app.js)

angular.module('myApp', [])
.run(function($templateCache) {
  $templateCache.put(
    // 樣板鍵值
    'player-box.html',
    // 樣板標記
    '<div>' +
    ' #{{ player.number }} {{ player.name }}' +
    '</div>'
  );
})
.directive('playerBox', function() {
  return {
    templateUrl: 'player-box.html',
    link: function(scope) {
      scope.player = {
        name: 'Jimmy Butler',
        number: 21
      };
    }
  };
});
```

 提示

JSFiddle: http://jsfiddle.net/msfrisbie/mp79srjf/

這是如何運作的？

樣板定義的所有方案都是相同事物的不同面貌：未編譯的樣板是存放於 $templateCache，並且也是由其供應。其中的真正差異是對於開發流程的影響，以及實際延遲的發生位置。

從遠端伺服器存取樣板的方式，確保我們不會傳送使用者所不需要的內容；但當產出應用程式的不同部分時，都需要對伺服器發出樣板請求，此舉有時候可能會造成應用程式變得遲緩。另一方面，如果在應用程式一開始載入時便傳遞所有的樣板，也會讓事情慢下來不少；因此做出明智的決定十分重要，必須考量應用程式的哪個部分能夠容忍較大的延遲。

還有更多

最新的一種樣板定義方法是由頗為熱門的 Grunt 擴充套件所提供，名為 `grunt-angular-templates`。在建置應用程式的過程中，這個擴充套件會自動找尋樣板，然後插入至 `index.html` 檔作為 JavaScript 字串樣板，最後再註冊至 `$templateCache`。以諸如 Grunt 這類的建置工具來管理應用程式，將帶來大幅且明顯的好處，也適用於本節的需求。

「控制器 as」語法

AngularJS 1.2 版引進了命名空間的功能，它以「控制器 as」語法來設定控制器方法的命名空間。這種方式允許我們抽象化控制器的 $scope，並且在樣板中提供更多的上下文資訊。

準備工作

假設應用程式的設置如下：

```
(index.html)

<div ng-app="myApp">
  <div ng-controller="Ctrl">
    {{ data }}
  </div>
</div>

(app.js)

angular.module('myApp', [])
.controller('Ctrl', function($scope) {
  $scope.data = "This is string data";
});
```

開始進行

利用「控制器 as」語法的最簡單方式是置於樣板內的 `ng-controller` 前導指令，此舉允許我們為可見區域的資料片段定義命名空間，以更貼近 AngularJS 風格的方式來控制可見區域。一開始的範例能夠重構成如下內容：

```
(index.html)

<div ng-app="myApp">
  <div ng-controller="Ctrl as MyCtrl">
    {{ MyCtrl.data }}
  </div>
</div>

(app.js)

angular.module('myApp', [])
.controller('Ctrl', function() {
  this.data = "This is string data";
});
```

 提示

JSFiddle: http://jsfiddle.net/msfrisbie/yh3r2t6r/

請注意，此處不再需要注入 `$scope`，取而代之的是貼附字串屬性到控制器物件。

前述語法也能擴及到前導指令內，假設需改寫的應用程式內容如下：

```
(index.html)

<div ng-app="myApp">
  <foo-directive></foo-directive>
</div>

(app.js)

angular.module('myApp', [])
.directive('fooDirective', function() {
  return {
    restrict: 'E',
    template: '<div>{{ data }}</div>',
    controller: function($scope) {
      $scope.data = 'This is controller scope data';
    }
  };
});
```

161

前述程式能夠正常運作，但也可以套用「controllerAs」語法糖至此處，好讓前導指令樣板能夠減少一些含糊的內容。

```
(app.js)

angular.module('myApp', [])
.directive('fooDirective', function() {
  return {
    restrict: 'E',
    template: '<div>{{ fooController.data }}</div>',
    controller: function() {
      this.data = 'This is controller data';
    },
    controllerAs: 'fooController'
  }
});
```

 提示

JSFiddle: http://jsfiddle.net/msfrisbie/7uobd20v/

這是如何運作的？

「控制器 as」語法允許我們直接引用樣板內的控制器物件，如此一來就能指派屬性給控制器物件本身，而非 $scope。

還有更多

這種風格還有一些主要的優點，列出如下：

- 能夠在可見區域中得到更多的資訊。這種語法能讓我們直接從樣板推導出物件的來源，這在以往是辦不到的。

- 可以定義匿名的前導指令控制器，並決定在何處定義。重新命名前導指令內的函數物件，能夠為應用程式的結構、以及定義的位置帶來極大的彈性。

- 測試會更加容易。以這種方式定義的控制器，本質上會更容易設定。因為若注入 $scope 至控制器，便意味著單元測試需要進行一些冗長的初始化。

第 5 章

操作範圍與模型

本章涵蓋以下內容：

■ 組態及使用 AngularJS 事件

■ 管理 $scope 繼承

■ 使用 AngularJS 表單

■ 使用 <select> 與 ngOptions

■ 建立事件匯流排

簡介

AngularJS 提供了管理應用程式資料異動的功能，這很大程度是基於模型的變化結構。
AngularJS 強大的資料繫結機制允許我們在此架構上打造健壯的工具，以及整個應用程
式都能使用的溝通管道。

組態及使用 AngularJS 事件

AngularJS 內建強大的事件基礎架構，能夠讓我們在資料繫結機制不甚合用時，依然可
以對應用程式進行控制。即使應用程式具備嚴謹組織的拓撲結構，也仍然可以大量應用
AngularJS 的事件。

開始進行

AngularJS 事件是由字串識別，並且可以承載物件、函數或基本類型等格式。事件的
傳遞可以透過父範圍呼叫 $scope.$broadcast()，或是子範圍（或同一範圍）呼叫
$scope.$emit() 來達成。

可以使用範圍物件的地方便可以使用 $scope.$on() 方法，如下所示：

```
(app.js)

angular.module('myApp', [])
.controller('Ctrl', function($scope, $log) {
  $scope.$on('myEvent', function(event, data) {
    $log.log(event.name + ' observed with payload ', data);
  });
});
```

廣播事件

$scope.$broadcast() 方法會觸發自身以及所有子範圍中的事件。雖然 AngularJS 1.2.7 版引進了對於 $scope.$broadcast() 的最佳化，不過由於此動作仍會沿著範圍階層向下抵達正在監聽的子範圍，因此若過度使用的話，有可能會帶來效能問題。廣播機制的實作如下所示：

```
(app.js)

angular.module('myApp', [])
.directive('myListener', function($log) {
  return {
    restrict: 'E',
    // 每個前導指令都應有自己的範圍
    scope: true,
    link: function(scope, el, attrs) {
      // 產生事件的方法
      scope.sendDown = function() {
        scope.$broadcast('myEvent', {origin: attrs.local});
      };
      // 監聽事件的方法
      scope.$on('myEvent', function(event, data) {
        $log.log(
          event.name +
          ' observed in ' +
          attrs.local +
          ', originated from ' +
          data.origin
        );
      });
    }
  };
});

(index.html)
```

```
<div ng-app="myApp">
  <my-listener local="outer">
    <button ng-click="sendDown()">Send Down</button>
    <my-listener local="middle">
      <my-listener local="first inner"></my-listener>
      <my-listener local="second inner"></my-listener>
    </my-listener>
  </my-listener>
</div>
```

執行前述程式碼並按下「**Send Down**」鈕後，將於瀏覽器控制台顯示以下內容：

```
myEvent observed in outer, originated from outer
myEvent observed in middle, originated from outer
myEvent observed in first inner, originated from outer
myEvent observed in second inner, originated from outer
```

 提示

JSFiddle: http://jsfiddle.net/msfrisbie/dn0zjep9/

投射事件

正如所預期的一般，`$scope.$emit()` 的動作便和 `$scope.$broadcast()` 相反。它只會觸發該事件於同一範圍（或者是沿著原型鏈直到 `$rootScope` 的任何父範圍）內的所有監聽器。實作方式如下：

```
(app.js)

angular.module('myApp', [])
.directive('myListener', function($log) {
  return {
    restrict: 'E',
    // 每個前導指令都應有自己的範圍
    scope: true,
    link: function(scope, el, attrs) {
      // 產生事件的方法
      scope.sendUp = function() {
        scope.$emit('myEvent', {origin: attrs.local});
      };
      // 監聽事件的方法
      scope.$on('myEvent', function(event, data) {
```

```
        $log.log(
          event.name +
          ' observed in ' +
          attrs.local +
          ', originated from ' +
          data.origin
        );
      });
    }
  };
});


(index.html)

<div ng-app="myApp">
  <my-listener local="outer">
    <my-listener local="middle">
      <my-listener local="first inner">
        <button ng-click="sendUp()">
          Send First Up
        </button>
      </my-listener>
      <my-listener local="second inner">
        <button ng-click="sendUp()">
          Send Second Up
        </button>
      </my-listener>
    </my-listener>
  </my-listener>
</div>
```

在本例按下「**Send First Up**」鈕後，將於瀏覽器控制台顯示以下內容：

```
myEvent observed in first inner, originated from first inner
myEvent observed in middle, originated from first inner
myEvent observed in outer, originated from first inner
```

改按「**Send Second Up**」鈕後，則於瀏覽器控制台顯示以下內容：

```
myEvent observed in second inner, originated from second inner
myEvent observed in middle, originated from second inner
myEvent observed in outer, originated from second inner
```

 提示

JSFiddle: http://jsfiddle.net/msfrisbie/a344o7vo/

註銷事件監聽器

如同 $scope.$watch() 一般，一旦建立事件監聽器，其生命周期就和它所貼附的範圍物件相同。$scope.$on() 方法會回傳一個註銷函數（必須在宣告時便立即擷取），呼叫此函數能夠防止該範圍對事件的回呼函式進行求值，這可透過設置（setup）與卸除（teardown）方法進行切換，如下所示：

```
(app.js)

angular.module('myApp', [])
.controller('Ctrl', function($scope, $log) {
  $scope.setup = function() {
    $scope.teardown = $scope.$on('myEvent',function(event, data) {
      $log.log(event.name + ' observed with payload ', data);
    });
  };
});
```

呼叫 $scope.setup() 後，便會初始化事件繫結機制，$scope.teardown() 則是銷毀繫結。

管理 $scope 繼承

AngularJS 範圍的原型繼承規則是相同於一般的 JavaScript 物件。如果發揮得當，就能在應用程式中發揮功效；儘管仍有一些值得注意的「陷阱」，但可透過堅持最佳實踐的做法來避免。

準備工作

假設應用程式的內容如下：

```
(app.js)

angular.module('myApp', [])
.controller('Ctrl', function() {})

(index.html)
```

```
<div ng-app="myApp">
  <div ng-controller="Ctrl" ng-init="data=123">
    <input ng-model="data" />
    <div ng-controller="Ctrl">
      <input ng-model="data" />
    </div>
    <div ng-controller="Ctrl">
      <input ng-model="data" />
    </div>
  </div>
</div>
```

開始進行

就目前的設置而言，巢狀 Ctrl 實例內的 $scope 實例會從父 Ctrl 的 $scope 繼承原型。在載入頁面時，三個輸入欄位都會被填入 123。如果修改父 Ctrl 的 <input> 值，則繫結到子 $scope 實例的兩個欄位也將隨之更新，因為這三個欄位都是繫結至相同的物件。然而，倘若對繫結到子 $scope 物件的任一欄位做更動，卻不會影響另外兩個欄位，而且此欄位的資料繫結機制將會終止，直到重新載入應用程式。

若想解決此問題，可以簡單地為任何的基本類型再添加一個物件，如下所示：

```
(index.html)

<div ng-app="myApp">
  <div ng-controller="Ctrl" ng-init="data.value=123">
    <input ng-model="data.value" />
    <div ng-controller="Ctrl">
      <input ng-model="data.value" />
    </div>
    <div ng-controller="Ctrl">
      <input ng-model="data.value" />
    </div>
  </div>
</div>
```

 提示

JSFiddle: http://jsfiddle.net/msfrisbie/obe24zet/

現在如果修改其中任一個欄位，其異動將能夠反映到另外兩個。這三個欄位會繼續繫結到父 Ctrl 的相同 $scope 物件。

善用 $scope 繼承機制的基本原則是為任何事物（尤其是基本類型）設置一個間接的物件層。而這種做法簡單來說便是「總是使用黑點 (.)」。

這是如何運作的？

當 $scope 屬性值因輸入欄位而變化時，$scope 屬性所繫結的對象便會有所行動。基於原型繼承機制，物件屬性的動作將沿著原型鏈直到最起初的實例，但反之基本類型的動作則會在區域 $scope 屬性中再建立一個新的基本類型實例。前例在加入修正的 .value 之前，新的區域實例跟父值是不相關的，於是便導致了雙重的 $scope 屬性值。

還有更多

底下兩個範例都是不好的做法（基於顯而易見的原因），對於任何繼承自應用程式 $scope 樹的資料而言，還是使用至少一層的間接物件會更容易維護。

重建繼承關係的可能辦法之一是移除區域 $scope 物件的基本類型屬性，如下所示：

```
(app.js)

angular.module('myApp', [])
.controller('outerCtrl', function($scope) {
  $scope.data = 123;
})
.controller('innerCtrl', function($scope) {
  $scope.reattach = function() {
    delete($scope.data);
  };
});

(index.html)

<div ng-app="myApp">
  <div ng-controller="outerCtrl">
    <input ng-model="data" />
    <div ng-controller="innerCtrl">
      <input ng-model="data" />
    </div>
    <div ng-controller="innerCtrl">
```

```
    <input ng-model="data" />
    <button ng-click="reattach()">Reattach</button>
  </div>
  </div>
</div>
```

提示

JSFiddle: http://jsfiddle.net/msfrisbie/r33nekbg/

也有可能透過 `$scope.$parent` 直接存取父 `$scope` 物件，然後完全忽略繼承，做法如下：

```
(app.js)

angular.module('myApp', [])
.controller('Ctrl', function() {});

(index.html)

<div ng-app="myApp">
  <div ng-controller="Ctrl" ng-init="data=123">
    <input ng-model="data" />
    <div ng-controller="Ctrl">
      <input ng-model="$parent.data" />
    </div>
    <div ng-controller="Ctrl">
      <input ng-model="$parent.data" />
    </div>
  </div>
</div>
```

麻煩的內建前導指令

先前的例子明白地展示了巢狀範圍會原型繼承自父 `$scope` 物件，這在實際應用時應該會很容易偵測及除錯。然而 AngularJS 包含了大量內建的前導指令，而且它們會默默地建立自己的範圍。如果不特別注意原型的範圍繼承，就可能會出錯。一共有六種內建的前導指令會建立自己的範圍，分別是：`ngController`、`ngInclude`、`ngView`、`ngRepeat`、`ngIf` 與 `ngSwitch`。

接下來的例子將插入 $scope 的 $id 至樣板中，以便展示新範圍的建立。

ngController

ngController 的用途應該很明顯，因為控制器邏輯正是依賴於 ngController 前導指令子範圍中的函數及資料。

ngInclude

無論含括了哪些 HTML 的內容，ngInclude 都會封裝到新的範圍。由於 ngInclude 通常是用來插入不依賴其周遭的應用程式元件，因此遭遇到 $scope 繼承問題的可能性很低。

底下是不正確的做法：

```
(app.js)

angular.module('myApp', [])
.controller('Ctrl', function($scope) {
  $scope.data = 123;
});

(index.html)

<div ng-app="myApp">
  <div ng-controller="Ctrl">
    Scope id: {{ $id }}
    <input ng-model="data " />
    <ng-include src="'innerTemplate.html'"></ng-include>
  </div>

  <script type="text/ng-template" id="innerTemplate.html">
    <div>
      Scope id: {{ $id }}
      <input ng-model="data " />
    </div>
  </script>
</div>
```

位於已編譯 ng-include 前導指令中的新範圍繼承了控制器 $scope，但繫結到其基本類型卻會導致相同的問題。

底下則是正確的做法：

```
(app.js)

angular.module('myApp', [])
.controller('Ctrl', function($scope) {
  $scope.data = {
    val: 123
  };
});

(index.html)

<div ng-app="myApp">
  <div ng-controller="Ctrl">
    Scope id: {{ $id }}
    <input ng-model="data.val" />
    <ng-include src="'innerTemplate.html'"></ng-include>
  </div>

  <script type="text/ng-template" id="innerTemplate.html">
    <div>
      Scope id: {{ $id }}
      <input ng-model="data.val" />
    </div>
  </script>
</div>
```

 提示

JSFiddle: http://jsfiddle.net/msfrisbie/c8nLk676/

ngView

對原型繼承而言，`ng-view`的運作模式和`ng-include`一模一樣，所插入的已編譯樣板提供了全新的子`$scope`，而且能夠以完全相同的方式正確繼承父`$scope`。

ngRepeat

當涉及不正確管理`$scope`繼承時，`ngRepeat`會是最容易出錯的前導指令。重複器產生的每個元素都有自己的範圍，如果繫結到基本類型，那麼子範圍的修改（例如清單資料的編輯）對於原有物件是沒有作用的。

底下是不正確的做法：

```
(app.js)

angular.module('myApp', [])
.controller('Ctrl', function($scope) {
  $scope.names = [
    'Alshon Jeffrey',
    'Brandon Marshall',
    'Matt Forte',
    'Martellus Bennett',
    'Jay Cutler'
  ];
});

(index.html)

<div ng-app="myApp">
  <div ng-controller="Ctrl">
    Scope id: {{ $id }}
    <pre>{{ names | json }}</pre>
    <div ng-repeat="name in names">
      Scope id: {{ $id }}
      <input ng-model="name" />
    </div>
  </div>
</div>
```

如前文所述，修改輸入欄位的內容只會改變子範圍內基本類型的實例，而非原有的物件。一種修正做法是重新調整資料物件，不再直接遍覽基本類型，而是遍覽封裝了基本類型的物件。

底下則是正確的做法：

```
(app.js)

angular.module('myApp', [])
.controller('Ctrl', function($scope) {
  $scope.players = [
    { name: 'Alshon Jeffrey' },
    { name: 'Brandon Marshall' },
    { name: 'Matt Forte' },
    { name: 'Martellus Bennett' },
    { name: 'Jay Cutler' }
  ];
```

```
});

(index.html)

<div ng-app="myApp">
  <div ng-controller="Ctrl">
    Scope id: {{ $id }}
    <pre>{{ players | json }}</pre>
    <div ng-repeat="player in players">
      Scope id: {{ $id }}
      <input ng-model="player.name" />
    </div>
  </div>
</div>
```

 提示

JSFiddle: http://jsfiddle.net/msfrisbie/zesj1gb6/

前述方式能夠適當地修改原始陣列,而且一切運作正常。然而,有時候重組物件對應用程式而言並不可行,此時若更改字串陣列為物件陣列,似乎是一種奇怪的解法。在理想情況下,我們可能會傾向於在修改字串陣列前先進行遍覽;透過加入 track by 到 ng-repeat 運算式,就有可能達到此目的。

所以底下也是正確的做法:

```
(app.js)

angular.module('myApp', [])
.controller('Ctrl', function($scope) {
  $scope.players = [
    'Alshon Jeffrey',
    'Brandon Marshall',
    'Matt Forte',
    'Martellus Bennett',
    'Jay Cutler'
  ];
});

(index.html)
```

```
<div ng-app="myApp">
  <div ng-controller="Ctrl">
    Scope id: {{ $id }}
    <pre>{{ players | json }}</pre>
    <div ng-repeat="player in players track by $index">
      Scope id: {{ $id }}
      <input ng-model="players[$index]" />
    </div>
  </div>
</div>
```

 提示

JSFiddle: http://jsfiddle.net/msfrisbie/ovas398h/

現在，即使重複器遍覽了 players 陣列元素，由於每個元素所建立的子 $scope 物件仍將繼承原型的 players 陣列，因此透過 $index 重複器就能簡單繫結到陣列的各個元素。

由於 JavaScript 基本類型是無法變動的，所以修改陣列的基本元素其實便會將原本的元素取代掉。當發生置換時，ng-repeat 是利用字串值來識別陣列元素，因此會認為有一個新元素加入，接著便會重新產出整個陣列 —— 以可用性和效能的角度來考量，這顯然不是所期望的功能。ng-repeat 運算式中的 track by $index 子句解決了這個問題，藉由索引而非字串值來辨別陣列元素，以防止不斷的重新產出。

ngIf

當運算式結果為假時，由於 ng-if 前導指令清除了嵌套於其內的 DOM 內容，因此每次編譯內層內容後都會重新繼承父 $scope 物件。如果 ng-if 元素前導指令內有任何事物並未正確地繼承父 $scope 物件，那麼子 $scope 的資料都會在重新編譯時被清除。

底下是不正確的做法：

```
(app.js)

angular.module('myApp', [])
.controller('Ctrl', function($scope) {
  $scope.data 123;
```

```
    $scope.show = false;
});

(index.html)

<div ng-app="myApp">
  <div ng-controller="Ctrl">
    Scope id: {{ $id }}
    <input ng-model="data " />
    <input type="checkbox" ng-model="show" />
    <div ng-if="show">
      Scope id: {{ $id }}
      <input ng-model="data " />
    </div>
  </div>
</div>
```

每次在勾選核取方塊時，全新建立的子 $scope 物件都將重新繼承父 $scope 物件，並消除既有的資料。在多數情況下這顯然不是所期望的結果，相反的，簡單地利用一層間接的物件就能解決此問題。

底下則是正確的做法：

```
(app.js)

angular.module('myApp', [])
.controller('Ctrl', function($scope) {
  $scope.data = {
    val: 123
  };
  $scope.show = false;
});

(index.html)

<div ng-app="myApp">
  <div ng-controller="Ctrl">
    Scope id: {{ $id }}
    <input ng-model="data.val" />
    <input type="checkbox" ng-model="show" />
    <div ng-if="show">
      Scope id: {{ $id }}
      <input ng-model="data.val" />
    </div>
  </div>
</div>
```

提示

JSFiddle: http://jsfiddle.net/msfrisbie/hq7r5frm/

ngSwitch

ngSwitch前導指令的行為就好比是結合多個ngIf敘述在一起，如果作用中的ng-switch的$scope內部不正確地繼承父$scope物件，那麼在每次重新編譯時，子$scope資料都會被清除（當所觀察的切換值出現變化時）。

底下是不正確的做法：

```
(app.js)

angular.module('myApp', [])
.controller('Ctrl', function($scope) {
  $scope.data = 123;
});

(index.html)

<div ng-app="myApp">
  <div ng-controller="Ctrl">
    Scope id: {{ $id }}
    <input ng-model="data " />
    <div ng-switch on="data ">
      <div ng-switch-when="123">
        Scope id: {{ $id }}
        <input ng-model="data " />
      </div>
      <div ng-switch-default>
        Scope id: {{ $id }}
        Default
      </div>
    </div>
  </div>
</div>
```

在本例中，當外層<input>標籤的值符合123時，嵌套於ng-switch的內層<input>標籤將如預期般繼承該值。不過，一旦修改了內層的輸入內容後，由於原型繼承鏈已中斷，因此並不會改變繼承值。

底下則是正確的做法：

```
(app.js)

angular.module('myApp', [])
.controller('Ctrl', function($scope) {
  $scope.data = {
    val: 123
  };
});

(index.html)

<div ng-app="myApp">
  <div ng-controller="Ctrl">
    Scope id: {{ $id }}
    <input ng-model="data.val" />
    <div ng-switch on="data.val">
      <div ng-switch-when="123">
        Scope id: {{ $id }}
        <input ng-model="data.val" />
      </div>
      <div ng-switch-default>
        Scope id: {{ $id }}
        Default
      </div>
    </div>
  </div>
</div>
```

 提示

JSFiddle: http://jsfiddle.net/msfrisbie/8kh41wdm/

使用 AngularJS 表單

AngularJS 可利用前導指令來與 HTML 的表單元素緊密整合，目的是讓我們能以快速且輕鬆的方式建立出動態並具備樣式的表單頁面，並且包含驗證機制。

開始進行

AngularJS 表單是位於 `<form>` 標籤內,其對應到原生的 AngularJS 前導指令,如底下的程式碼所示。`novalidate` 屬性會指示瀏覽器忽略其原生的表單驗證:

```
<form novalidate>
  <!-- 表單的輸入欄位 -->
</form>
```

HTML 輸入元素仍然位於 `<form>` 標籤內,`<form>` 標籤的每個實例都會建立 FormController,用來追蹤所有的控制項和巢狀表單。整個 AngularJS 表單的基礎架構便是建基於此。

提示

由於瀏覽器不允許巢狀的表單標籤,所以欲建置巢狀表單則應使用 `ng-form`。

表單提供了些什麼

假設應用程式包含了一個控制器與一個表單,如下所示:

```
<div ng-controller="Ctrl">
  <form novalidate name="myform">
    <input name="myinput" ng-model="formdata.myinput" />
  </form>
</div>
```

在前述標記內,`Ctrl` 的 `$scope` 為 FormController 提供一個建構子 `$scope.myform`,內含大量有用的屬性與函數。每個輸入欄位的個別表單項目,都能以父 FormController 物件的子 FormController 物件形式被存取;例如,`$scope.myform.myinput` 代表文字框的 FormController 物件。

提示

輸入欄位必須伴隨 `ng-model` 前導指令,使狀態和驗證繫結機制能夠正常運作。

追蹤表單狀態

輸入與表單都有各自的控制器，AngularJS採用乾淨/骯髒二分法同時追蹤個別輸入與整份表單的狀態。「乾淨」意指設定輸入欄位為預設值的狀態，而「骯髒」則意指任何的修改動作。整個表單的「乾淨」狀態是所有輸入欄位呈乾淨狀態的邏輯AND結果，或是全部呈骯髒狀態的NOR結果；反過來說，整個表單的「骯髒」狀態即代表全部呈骯髒狀態的OR結果，或是全部呈乾淨狀態的NAND結果。

 提示

JSFiddle: http://jsfiddle.net/msfrisbie/trjfzdwc/

這些狀態都能以若干不同的方式被使用。

`<form>`與`<input>`將根據表單所處的狀態自動套用CSS類別`ng-pristine`及`ng-dirty`。這些CSS類別能夠依照輸入欄位的狀態來設定其樣式，如下所示：

```
form.ng-pristine {
}
input.ng-pristine {
}
form.ng-dirty {
}
input.ng-dirty {
}
```

`FormController`的所有實例以及其內的`ngModelController`實例都有可用的`$pristine`與`$dirty`布林屬性，其目的是應用於控制器的工作邏輯，或者是控制使用者在表單上的作業流程。

下列範例將顯示「**Enter a value**」，直到有內容輸入：

```
(app.js)

angular.module('myApp', [])
.controller('Ctrl', function($scope) {
  $scope.$watch('myform.myinput.$pristine', function(newval) {
    $scope.isPristine = newval;
  });
```

```
});

(index.html)

<div ng-app="myApp">
  <div ng-controller="Ctrl">
    <form novalidate name="myform">
      <input name="myinput" ng-model="formdata.myinput" />
    </form>
    <div ng-show="isPristine">
      Enter a value
    </div>
  </div>
</div>
```

 提示

JSFiddle: http://jsfiddle.net/msfrisbie/unxbyun2/

或者，當附加表單物件至範圍時，也有可能直接偵測可見區域中的輸入欄位是否乾淨。

```
(index.html)

<div ng-app="myApp">
  <div ng-controller="Ctrl">
    <form novalidate name="myform">
      <input name="myinput" ng-model="formdata.myinput" />
      <div ng-show="myform.myinput.$pristine">
        Enter a value
      </div>
    </form>
  </div>
</div>
```

 提示

JSFiddle: http://jsfiddle.net/msfrisbie/pr3L1e2b/

我們也可以利用 `$setDirty()` 或 `$setPristine()` 方法強制表單或輸入欄位變成乾淨或骯髒狀態。這和輸入欄位在那個時間點的內容無關，它只是覆蓋 `$pristine` 與 `$dirty` 的布林值，接著設定對應的 CSS 類別（ng-pristine 和 ng-dirty）。這些方法的呼叫將擴及到任何的父表單。

驗證表單

如同乾淨/骯髒二分法一般，AngularJS 表單也有一種有效/無效的二分法，用來指定表單的輸入欄位必須滿足有效的表單驗證規則。AngularJS 採用有效/無效二分法同時追蹤個別輸入與整個表單的有效性。「有效」意指輸入欄位滿足了所有指定的驗證需求，而「無效」則指輸入無法通過一或多種驗證需求。整個表單的「有效」狀態則是所有輸入欄位呈有效狀態的邏輯 AND 結果，或是全部皆呈無效狀態的 NOR 結果；反過來說，整個表單的「無效」狀態即代表所有皆呈無效狀態的 OR 結果，或是全部皆為有效狀態的 NAND 結果。

 提示

JSFiddle: http://jsfiddle.net/msfrisbie/ejpsrfgz/

類似於乾淨和骯髒，`<form>` 與 `<input>` 元素將根據表單所處的狀態自動套用 CSS 類別 `ng-valid` 及 `ng-invalid`。這些 CSS 類別能夠依照輸入欄位的狀態來設定其樣式，如下所示：

```
form.ng-valid {
}
input.ng-valid {
}
form.ng-invalid {
}
input.ng-invalid {
}
```

`FormController` 的所有實例以及其內的 `ngModelController` 實例都有可用的 `$valid` 與 `$invalid` 布林屬性，其目的是應用於控制器的工作邏輯，或者是控制使用者在表單上的作業流程。

下列範例展示當輸入欄位值為空時，將顯示「**Input field cannot be blank**」：

```
(app.js)

angular.module('myApp', [])
.controller('Ctrl', function($scope) {
  $scope.$watch('myform.myinput.$invalid', function(newval) {
    $scope.isInvalid = newval;
  });
});


(index.html)

<div ng-app="myApp">
  <div ng-controller="Ctrl">
    <form novalidate name="myform">
      <input name="myinput"
          ng-model="formdata.myinput"
          required />
    </form>
    <div ng-show="isInvalid">
      Input field cannot be blank
    </div>
  </div>
</div>
```

 提示

JSFiddle: http://jsfiddle.net/msfrisbie/40bdaey4/

或者，當附加表單物件至範圍時，也有可能直接偵測可見區域中的輸入欄位是否有效。

```
(app.js)

angular.module('myApp', [])
.controller('Ctrl', function() {});


(index.html)

<div ng-app="myApp">
  <div ng-controller="Ctrl">
    <form novalidate name="myform">
      <input name="myinput"
          ng-model="formdata.myinput"
          required />
```

```
        <div ng-show="myform.myinput.$invalid">
          Input field cannot be blank
        </div>
      </form>
    </div>
</div>
```

 提示

JSFiddle: http://jsfiddle.net/msfrisbie/bc2hn05p/

內建與自訂的驗證器

AngularJS 內附下列基本的驗證器：

- `email`

- `max`

- `maxlength`

- `min`

- `minlength`

- `number`

- `pattern`

- `required`

- `url`

雖然它們很有用，而且大多不言自明，但仍然可能會想要自訂驗證器。為了達到此目
的，我們需要建構一個前導指令，以便觀察輸入欄位的模型值、執行一些分析，以及透
過 `$setValidity()` 方法設定該欄位的有效性。

提示

作為1.3版的一部分，現在已有自訂表單驗證器的替代方案，請參考第9章AngularJS 1.3版的新功能，其內的「建立與整合自訂的表單驗證器」一節有更詳細的說明。

下列範例建立了一個自訂的驗證器，目的是檢查輸入欄位值是否為質數：

```
(app.js)

angular.module('myApp', [])
.directive('ensurePrime', function() {
  return {
    require: 'ngModel',
    link: function(scope, element, attrs, ctrl) {
      function isPrime(n) {
        if (n<2) {
          return false;
        }

        var m = Math.sqrt(n);
        for (var i=2; i<=m; i++) {
          if (n%i === 0) {
            return false;
          }
        }
        return true;
      }

      scope.$watch(attrs.ngModel, function(newval) {
        if (isPrime(newval)) {
          ctrl.$setValidity('prime', true);
        }
        else {
          ctrl.$setValidity('prime', false);
        }
      });
    }
  };
});

(index.html)

<div ng-app="myApp">
  <form novalidate name="myform">
    <input type="number"
```

```
    ensure-prime name="myinput"
    ng-model="formdata.myinput"
    required />
  </form>
  <div ng-show="myform.myinput.$invalid">
    Input field must be a prime number
  </div>
</div>
```

 提示

JSFiddle: http://jsfiddle.net/msfrisbie/7mhqvgcp/

這是如何運作的？

AngularJS 表單會深入既有的資料繫結架構，以確認表單及驗證狀態。表單及其輸入欄位所綁定的 `FormController` 實例，都提供了相當輕鬆且模組化的方式來管理表單流程。

使用 \<select\> 與 ngOptions

AngularJS 提供了 `ngOptions` 前導指令來擴展應用程式的 `<select>` 元素。雖然這乍看之下並沒有什麼，不過 `ngOptions` 會利用一種頗為複雜的理解型運算式（comprehension expression），從中藉由多種方式將資料物件填入至下拉式清單。

準備工作

假設應用程式的內容如下所示：

```
(app.js)

angular.module('myApp', [])
.controller('Ctrl', function($scope) {
  $scope.players = [
    {
      number: 17,
      name: 'Alshon',
      position: 'WR'
```

```
    },
    {
      number: 15,
      name: 'Brandon',
      position: 'WR'
    },
    {
      number: 22,
      name: 'Matt',
      position: 'RB'
    },
    {
      number: 83,
      name: 'Martellus',
      position: 'TE'
    },
    {
      number: 6,
      name: 'Jay',
      position: 'QB'
    }
  ];

  $scope.team = {
    '3B': {
      number: 9,
      name: 'Brandon'
    },
    '2B': {
      number: 19,
      name: 'Marco'
    },
    '3B': {
      number: 48,
      name: 'Pablo'
    },
    'C': {
      number: 28,
      name: 'Buster'
    },
    'SS': {
      number: 35,
      name: 'Brandon'
    }
  };
});
```

開始進行

`ngOptions` 前導指令允許我們將陣列或物件的屬性填入至 `<select>` 元素。

以陣列填充

理解型運算式能讓我們定義如何對映資料陣列至 `<option>` 標籤集合、字串標籤（label）與對應的值。較容易的實作方式是只定義字串標籤，這裡的應用程式將預設 `<option>` 值為整個陣列元素，如下所示：

```
(index.html)

<div ng-app="myApp">
  <div ng-controller="Ctrl">
    <!-- 標籤 for 值 in 陣列 -->
    <select ng-model="player"
      ng-options="p.name for p in players">
    </select>
  </div>
</div>
```

接著便會編譯成下列內容（已移除表單的CSS類別）：

```
<select ng-model="player"
    ng-options="player.name for player in players">
  <option value="?" selected="selected"></option>
  <option value="0">Alshon</option>
  <option value="1">Brandon</option>
  <option value="2">Matt</option>
  <option value="3">Martellus</option>
  <option value="4">Jay</option>
</select>
```

 提示

JSFiddle: http://jsfiddle.net/msfrisbie/vy62c575/

這裡的每個選項值都是對應元素的陣列索引。由於所連結的模型尚未初始化為任何現存的元素，因此 AngularJS 便暫時插入一個空值到清單中，直到做出選擇，屆時便會移除空值。選取某個項目後，player 模型便會被分配到該陣列索引的整個物件。

明確定義選項值

如果不希望<option>的 HTML 元素值內含陣列索引，可加上 track by 子句進行覆寫，如下所示：

```
(index.html)

<div ng-app="myApp">
  <div ng-controller="Ctrl">
    <!-- 標籤 for 值 in 陣列 -->
    <select ng-model="player"
      ng-options="p.name for p in players track by p.number">
    </select>
  </div>
</div>
```

接著便會編譯成下列內容：

```
<select ng-model="player"
    ng-options="p.name for p in players track by p.number">
  <option value="?" selected="selected"></option>
  <option value="17">Alshon</option>
  <option value="15">Brandon</option>
  <option value="22">Matt</option>
  <option value="83">Martellus</option>
  <option value="6">Jay</option>
</select>
```

提示

JSFiddle: http://jsfiddle.net/msfrisbie/umehb407/

選取某個項目後，仍然會指派陣列中所對應的物件給 player 模型。

明確定義選項模型的指派

反之，如果打算明確地控制每個 `<option>` 的元素值，並且強制使其成為陣列元素的 `number` 屬性，則做法如下：

```
(index.html)

<div ng-app="myApp">
  <div ng-controller="Ctrl">
    <!-- 標籤 for 值 in 陣列 -->
    <select ng-model="player"
      ng-options="p.number as p.name for p in players">
    </select>
  </div>
</div>
```

接著便會編譯成下列內容（已移除表單的 CSS 類別）：

```
<select ng-model="player"
    ng-options="p.number as p.name for p in players">
  <option value="?" selected="selected"></option>
  <option value="17">Alshon</option>
  <option value="15">Brandon</option>
  <option value="22">Matt</option>
  <option value="83">Martellus</option>
  <option value="6">Jay</option>
</select>
```

 提示

JSFiddle: http://jsfiddle.net/msfrisbie/jtsz46cp/

不過，現在若選取某個 `<option>` 元素，則 `player` 模型只會被分配到對應物件的數值屬性。

實作選項群組

如果想要善用 `<select>` 元素的群組特性，可加上 `group by` 子句，如下所示：

```
(index.html)

<div ng-app="myApp">
```

```
<div ng-controller="Ctrl">
  <!-- 標籤 for 值 in 陣列 -->
  <select ng-model="player"
    ng-options="p.name group by p.position for p in
    players">
  </select>
</div>
</div>
```

接著便會編譯成如下內容：

```
<select ng-model="player"
    ng-options="p.name group by p.position for p in players">
  <option value="?" selected="selected"></option>
  <optgroup label="WR">
    <option value="0">Alshon</option>
    <option value="1">Brandon</option>
  </optgroup>
  <optgroup label="RB">
    <option value="2">Matt</option>
  </optgroup>
  <optgroup label="TE">
    <option value="3">Martellus</option>
  </optgroup>
  <optgroup label="QB">
    <option value="4">Jay</option>
  </optgroup>
</select>
```

 提示

JSFiddle: http://jsfiddle.net/msfrisbie/2d6mdt9m/

Null 選項

如果想要允許 null 選項，我們可以明確地定義於 `<select>` 標籤內部，如下所示：

```
(index.html)

<select ng-model="player" ng-options="理解型運算式內容">
  <option value="">Choose a player</option>
</select>
```

以物件填充

物件屬性也能夠填入至帶有 ngOptions 的 <select> 元素，它的運作也類似於資料陣列的處理模式；唯一的差別是必須定義如何使用物件中的鍵 — 值組合來產生 <option> 元素清單。一種簡單的做法是對映值物件的 number 屬性為整個值物件，如下所示：

```
(index.html)

<div ng-app="myApp">
  <div ng-controller="Ctrl">
    <!-- 標籤 for 值 in 陣列 -->
    <select ng-model="player"
      ng-options="p.number for (pos, p) in team">
    </select>
  </div>
</div>
```

接著便會編譯成如下內容：

```
<select ng-model="player"
    ng-options="p.number for (pos, p) in team">
  <option value="?" selected="selected"></option>
  <option value="1B">9</option>
  <option value="2B">19</option>
  <option value="3B">48</option>
  <option value="C">28</option>
  <option value="SS">35</option>
</select>
```

> **提示**
>
> JSFiddle: http://jsfiddle.net/msfrisbie/zofojs7n/

<option> 的值預設為鍵（key）字串，不過 player 模型仍然會被分配到該鍵所指向的整個物件。

明確定義選項值

如果不希望 <option> 的 HTML 元素值內含屬性鍵，可加上 select as 子句進行覆寫，如下所示：

```
(index.html)

<div ng-app="myApp">
  <div ng-controller="Ctrl">
    <!-- 標籤 for 值 in 陣列 -->
    <select ng-model="player"
      ng-options="p.number as p.name for (pos, p) in team">
    </select>
  </div>
</div>
```

接著便會編譯成如下內容：

```
<select ng-model="player"
    ng-options="p.number as p.name for (pos, p) in team">
  <option value="?" selected="selected"></option>
  <option value="1B">Brandon</option>
  <option value="2B">Marco</option>
  <option value="3B">Pablo</option>
  <option value="C">Buster</option>
  <option value="SS">Brandon</option>
</select>
```

 提示

JSFiddle: http://jsfiddle.net/msfrisbie/ssLzvtaf/

現在若選取某個<option>元素，則player模型只會被分配到對應物件的數值屬性。

這是如何運作的？

ngOptions前導指令只是拆解傳入的枚舉實體，變成可轉換為<option>標籤的片段。

還有更多

在<select>標籤內部，基於效能考量，ngOptions會是遠優於ngRepeat的選擇。
下拉式清單的值並不需要資料繫結，若是採用ngRepeat實作下拉式清單，就得觀察集
合中的值，並為應用程式帶來不必要的資料繫結負擔。

建立事件匯流排

根據應用程式的目的，有可能會發現自己需要利用一種**發佈-訂閱**(pub-sub)架構來完成特定的功能。AngularJS 有提供適當的工具集來達到此目的，但仍需考量如何防止效能下降，並且維持應用程式的組織性。

以前若從內含大量子系範圍的某個範圍使用 $broadcast 服務，由於必須處理許多潛在的監聽器，所以將導致明顯的效能下降。AngularJS 1.2.7 版引進了 $broadcast 的最佳化，限制事件只能觸及它們所監聽的範圍。如此一來，應用程式方能更自由地使用 $broadcast，但採用 pub-sub 架構的應用程式還不只是如此。簡單地說，應用程式應該無須使用 $rootScope.$broadcast()，就能廣播事件給整個應用程式的訂閱者。

準備工作

假設應用程式有許多不同的範圍必須回應某個單一事件，如下所示：

```
(app.js)

angular.module('pubSubApp',[])
.controller('Ctrl',function($scope) {})
.directive('myDir',function() {
  return {
    scope: {},
    link: function(scope, el, attrs) {}
  };
});
```

注意

這裡只有一個控制器及前導指令，但會有數不勝數的應用程式元件去存取範圍物件，並且能夠深入事件匯流排。

開始進行

為了避免使用 $rootScope.$broadcast()，$rootScope 會作為應用程式訊息的集結點。$rootScope.$on() 與 $rootScope.$emit() 允許我們劃分實際的訊息廣播到單一的範圍，並且注入 $rootScope 至子範圍，然後深入其內的事件匯流排。

基本的實作

最基本且單純的實作方式是注入 $rootScope 到需要存取事件匯流排的每個地方，然後在該處設定事件，如下所示：

```
(index.html)

<div ng-app="myApp">
  <div ng-controller="Ctrl">
    <button ng-click="generateEvent()">Generate event</button>
  </div>
  <div my-dir></div>
</div>

(app.js)

angular.module('myApp',[])
.controller('Ctrl', function($scope, $rootScope, $log) {
  $scope.generateEvent = function() {
    $rootScope.$emit('busEvent');
  };
  $rootScope.$on('busEvent', function() {
    $log.log('Handler called!');
  });
})
.directive('myDir', function($rootScope, $log) {
  return {
    scope: {},
    link: function(scope, el, attrs) {
      $rootScope.$on('busEvent', function() {
        $log.log('Handler called!');
      });
    }
  };
});
```

提示

JSFiddle: http://jsfiddle.net/msfrisbie/5ot5scja/

在設定之後，即使是隔離範圍的前導指令也能利用事件匯流排和控制器溝通，反之則否。

清理

如果有稍加注意的話，可能已經發現這種模式會引入一個小問題。AngularJS 的控制器並非單件，因此當採用這種跨應用程式的架構時，必須更謹慎地管理記憶體。

尤其是當銷毀應用程式的控制器時，其內所宣告、但附加到外部範圍的事件監聽器不會被垃圾回收，而這會導致記憶體洩漏。為了防止這種狀況，以 $on() 註冊事件監聽器後，將返回一個 $destroy 事件必須呼叫的一個註銷函數。做法如下：

```
(app.js)

angular.module('myApp',[])
.controller('Ctrl', function($scope, $rootScope, $log) {
  $scope.generateEvent = function() {
    $rootScope.$emit('busEvent');
  };

  var unbind = $rootScope.$on('busEvent', function() {
    $log.log('Handler called!');
  });

  $scope.$on('$destroy', unbind);

})
.directive('myDir', function($rootScope, $log) {
  return {
    scope: {},
    link: function(scope, el, attrs) {
      var unbind = $rootScope.$on('busEvent', function() {
        $log.log('Handler called!');
      });

      scope.$on('$destroy', unbind);
```

```
      }
    };
  });
```

 提示

JSFiddle: http://jsfiddle.net/msfrisbie/xq05p9dt/

作為服務的事件匯流排

事件匯流排邏輯可以委託給服務工廠,而服務能夠藉由相依性注入來建立各個事件與各個監聽器的通訊,如下所示:

```
(app.js)

angular.module('myApp',[])
.controller('Ctrl',function($scope, EventBus, $log) {
  $scope.generateEvent = function() {
    EventBus.emitMsg('busEvent');
  };

  EventBus.onMsg(
    'busEvent',
    function() {
      $log.log('Handler called!');
    },
    $scope
  );
})
.directive('myDir',function($log, EventBus) {
  return {
    scope: {},
    link: function(scope, el, attrs) {
      EventBus.onMsg(
        'busEvent',
        function() {
          $log.log('Handler called!');
        },
        scope
      );
    }
  };
```

```
})
.factory('EventBus', function($rootScope) {
  var eventBus = {};
  eventBus.emitMsg = function(msg, data) {
    data = data || {};
    $rootScope.$emit(msg, data);
  };
  eventBus.onMsg = function(msg, func, scope) {
    var unbind = $rootScope.$on(msg, func);
    if (scope) {
      scope.$on('$destroy', unbind);
    }
    return unbind;
  };
  return eventBus;
});
```

 提示

JSFiddle: http://jsfiddle.net/msfrisbie/m88ruycx/

作為裝飾器的事件匯流排

事件匯流排最佳且最簡潔的實作方式，是在應用程式的初始化期間藉由裝飾
$rootScope 物件隱性加入 publish 及 subscribe 方法至所有的範圍，具體來說就是
config 階段：

```
(app.js)

angular.module('myApp',[])
.config(function($provide){
  $provide.decorator('$rootScope', function($delegate){
    // 加入建構子原型以便應用於隔離範圍
    var proto = $delegate.constructor.prototype;
    proto.subscribe = function(event, listener) {
      var unsubscribe = $delegate.$on(event, listener);
      this.$on('$destroy', unsubscribe);
    };
    proto.publish = function(event, data) {
      $delegate.$emit(event, data);
    };
    return $delegate;
  });
```

```
})
.controller('Ctrl',function($scope, $log) {
  $scope.generateEvent = function() {
    $scope.publish('busEvent');
  };
  $scope.subscribe('busEvent', function() {
    $log.log('Handler called!');
  });
})
.directive('myDir', function($log) {
  return {
    scope: {},
    link: function(scope, el, attrs) {
      scope.subscribe('busEvent', function() {
        $log.log('Handler called!');
      });
    }
  };
});
```

 提示

JSFiddle: http://jsfiddle.net/msfrisbie/5madmyzt/

這是如何運作的？

事件匯流排是作為應用程式不同實體之間的間接單一目標。由於事件無法逃脫 $rootScope物件，並且$rootScope能夠以相依性注入，因此便能夠在整個應用程式中建立訊息網路。

還有更多

涉及事件時，效能始終是考量因素之一。如果能夠儘可能將應用程式的內容委託給資料繫結/模型層，便會是更簡潔且更具效率的。然而，當有一些全域事件（例如登入/登出）需要層層擴散時，事件匯流排仍是十分有用的工具。

第 6 章

AngularJS 與測試

本章涵蓋以下內容：

■ 組態並執行 Yeoman 與 Grunt 的測試環境

■ 了解 Protractor

■ 在 Grunt 中加入 Protractor 及 E2E 測試

■ 撰寫基本的單元測試

■ 撰寫基本的 E2E 測試

■ 設定簡單的後端模擬伺服器

■ 撰寫 DAMP 測試

■ 使用「頁面物件」測試模式

簡介

打從一開始 AngularJS 便極為重視框架的可測試性。開發者往往不願意投入大量的時間為應用程式建立測試套件，然而我們都十分清楚，當未測試或只有部分測試的程式碼上線後，事情可能會變得多麼糟糕。

若要詳述測試 AngularJS 應用程式的可行方法與各式工具，其份量足以寫出整整一本書來。然而對於務實的開發者來說，其實只是想要一個簡單且可行的解決方案，藉此順利完成應用程式的開發。因此本章將聚焦於主流測試套件中最常用的元件及做法，並說明如何生產出最為有用且最容易維護的測試。

此外，由於這些測試工具的演進速度往往更甚於 AngularJS 本身，因此本章只會探討截至目前為止最新的測試策略。

注意

本質上 AngularJS 的測試生態是富含變化的。倘若嘗試去描述整套測試基礎架構的確切設定方法，一定是徒勞無功的。因為它們的元件及關聯性會不斷演變，並且隨著核心團隊持續釋出新版本，也必然會隨之變化。因此，本章將從高階觀點來說明測試軟體的設定，並以程式碼的細部觀點來解釋測試語法。有關本章的勘誤及更新將置於 https://gist.github.com/msfrisbie/b0c6eceb11adfbcbf482。

組態並執行 Yeoman 與 Grunt 的測試環境

Yeoman 是一套十分流行的輔助工具，它可讓我們快速起始並擴展 AngularJS 的程式碼庫。Yeoman 內附有 Grunt，它是一套 JavaScript 任務執行器，用來自動化處理應用程式環境，其功能包括執行及管理測試工具。Yeoman 提供了許多可以直接利用的專案結構，包含但不侷限於 npm 與 Bower 相依套件，以及用來定義 Grunt 自動化的 Gruntfile 檔。

開始進行

儘管對於測試類型的分類法存在著一些不同的意見，不過就 AngularJS 而言，測試是分為兩類：單元測試及端對端（end-to-end，E2E）測試。單元測試是黑箱式測試，首先隔離應用程式的部分片段、加上模擬的外部元件、並供應受控制的輸入，然後便驗證其功能與輸出。端對端測試則模擬應用程式層級的正確行為，藉由模擬使用者與應用程式元件的互動，再藉由建立一個實際載入並執行程式碼的瀏覽器實例，進一步確認是否都正確運作。

使用正確的工具

AngularJS 單元測試會利用 Karma 測試執行器運行單元測試。Karma 長久以來都是 AngularJS 測試的黃金準則，它能夠與 Yeoman 及 Grunt 良好整合，以便自動產生測試檔案並執行測試。Yeoman 已為我們設定了 Karma 單元測試的多數內容。

AngularJS 以往有提供一套端對端的測試工具，名為 Angular Scenario Runner。不過該工具已經過時了，現今的測試套件都會採用 Protractor，它是特別為 AngularJS 設計的全新端對端測試框架。在引導啟動 AngularJS 專案檔時，Protractor 預設是沒有被設定的，因此手動整合至 Gruntfile 是必要的步驟。

Karma 單元測試與 Protractor 端對端測試都能方便地利用 Jasmine 測試語法。

Karma 與 Protractor 都需要 *.conf.js 檔，該檔在被 Grunt 呼叫時會作為測試套件的導引器。Protractor 的安裝會需要一些手動作業，其詳細內容請見「在 Grunt 中加入 Protractor 及 E2E 測試」一節。

這是如何運作的？

在設定完成後，執行及檢驗測試套件便很簡單。Karma 與 Protractor 會個別且接連地運行（按照 grunt test 任務的順序），它們都會執行某種形式的瀏覽器來進行測試。Karma 通常會透過 PhantomJS 執行無介面的瀏覽器來進行單元測試，而 Protractor 則是利用 Selenium WebDriver 來產生實際的瀏覽器實例（或多個實例，取決於組態的方式），接著便在該瀏覽器進行應用程式的端對端測試，如此便能夠看到實際的執行結果。

 注意

下載範例程式

購買 Packt 書籍後，可透過您的帳號下載所有的範例程式檔案，網址是 http://www.packtpub.com。如果是在其他地方購買本書的話，請前往 http://www.packtpub.com/support，註冊後便會透過電子郵件寄送檔案給您 。

還有更多

執行測試套件後，Grunt 控制台的輸出將回報任何的測試失敗，以及其他關於測試執行的中繼資料。若單元測試和端對端測試皆無錯誤，成功執行測試套件的輸出結果將類似於以下的內容：

```
Running "karma:unit" (karma) task
INFO [karma]: Karma v0.12.23 server started at http://localhost:8080/
INFO [launcher]: Starting browser PhantomJS
INFO [PhantomJS 1.9.7 (Mac OS X)]: Connected on socket
```

```
sYgu4c8ZxNFs73zBe_xq with id 75044421
PhantomJS 1.9.7 (Mac OS X): Executed 3 of 3 SUCCESS (0.017 secs /
0.015 secs)

Running "protractor:run" (protractor) task
Starting selenium standalone server...
Selenium standalone server started at http://192.168.1.120:59539/wd/
hub
.....

Finished in 7.965 seconds
5 tests, 19 assertions, 0 failures

Shutting down selenium standalone server.

Done, without errors.
Total 19.3s
```

AngularJS 對於錯誤訊息的處理可說是越來越好，因為 AngularJS 團隊很積極地改善錯誤訊息的細節並提供更佳的堆疊追蹤，讓我們能夠更容易診斷出問題。在測試失敗時，若善加利用 Jasmine 所提供的字串識別子，便能夠方便開發者快速地找出問題肇因，如下列的錯誤結果所示：

```
Running "karma:unit" (karma) task
INFO [karma]: Karma v0.12.23 server started at http://localhost:8080/
INFO [launcher]: Starting browser PhantomJS
INFO [PhantomJS 1.9.7 (Mac OS X)]: Connected on socket
HVy4JBfIMACzUGR8gPFY with id 29687037
PhantomJS 1.9.7 (Mac OS X) Controller: HandleCtrl Should mark handles
which are too short as invalid FAILED
    Expected false to be true.
PhantomJS 1.9.7 (Mac OS X): Executed 3 of 3 (1 FAILED) (0.018 secs /
0.014 secs)
Warning: Task "karma:unit" failed. Use --force to continue.

Aborted due to warnings.
```

延伸閱讀

- 「了解 Protractor」一節有關於 Protractor 測試執行器更進一步的說明。

- 「在 Grunt 中加入 Protractor 及 E2E 測試」一節詳盡解釋如何設定測試套件，以便利用 Protractor 作為端對端測試執行器。

了解 Protractor

Protractor 是 AngularJS 的新玩意，目的是完全取代過時的 Angular Scenario Runner。

這是如何運作的？

Selenium WebDriver（簡稱為 WebDriver）是一套自動化瀏覽器工具，它能夠對網頁瀏覽器以及其中的應用程式進行腳本化控制。就端對端測試而言，這個測試執行器可分為三種互動元件，如下所示：

■ 作為獨立伺服器的 Selenium WebDriver 程序，能夠產生瀏覽器實例，並且傳遞事件至頁面中。

■ 實則為 Node.js 腳本的測試程序，執行並檢查所有的測試檔案。

■ 執行應用程式的瀏覽器實例。

Protractor 是建立於 WebDriver 之上，它既作為 WebDriver 的延伸，也作為讓端對端測試更加容易的輔助工具。Protractor 也包括了 `webdriver-manager` 執行檔，目的是使 WebDriver 的管理更加容易。

還有更多

Protractor 在測試內部會匯出如下的全域變數

■ `browser`：可讓我們和頁面的 URL 及頁面來源進行互動。由於它是作為 WebDriver 的封裝器，因此 WebDriver 能做的事情，Protractor 也能做。

■ `element`：透過選擇器和 DOM 的特定元素進行互動。除了標準的 CSS 選擇器之外，此變數還能以特定的 `ng-model` 前導指令或繫結來選取元素。

延伸閱讀

■ 「在 Grunt 中加入 Protractor 及 E2E 測試」一節詳盡解釋如何設定測試套件，以便利用 Protractor 作為端對端測試執行器。

■ 「撰寫基本的 E2E 測試」一節示範如何為簡單的應用程式建立端對端的測試基礎。

在 Grunt 中加入 Protractor 及 E2E 測試

Yeoman 預設並未整合 Protractor 到測試套件中；這麼做需要一些手工作業。Grunt Protractor 的設定十分類似於 Karma，因為它們都使用 Jasmine 語法與 `*.conf.js` 檔案。

注意

本節將展示安裝與設定 Protractor 的流程，不過其中大多數的步驟皆適用於任何加入 Grunt 的新套件。

準備工作

為了確保測試套件能夠正常運作，底下列出預先的注意與準備事項：

- 利用 `npm install grunt-karma --save-dev` 命令確定已安裝 grunt-karma 擴充套件。

- 透過自動載入機制，讓自己免於在 Gruntfile 裡列出全部所需的 Grunt 任務，做法如下：

  ❖ 利用 `npm install load-grunt-tasks --save-dev` 命令安裝 load-grunt-tasks 模組。

  ❖ 在 Gruntfile 的 `module.exports` 函數內加入 `require('load-grunt-tasks')(grunt);` 敘述。

開始進行

加入 Protractor 到應用程式的測試組態需要我們依循下列步驟，來完成安裝、設定及自動化。

安裝

結合 Protractor 至 Grunt 需要安裝以下兩個 npm 套件：

- `protractor`
- `grunt-protractor-runner`

加入 package.json 檔案並執行 npm install 後，就能安裝以上元件。或者也能利用下列命令安裝：

```
npm install protractor grunt-protractor-runner --save-dev
```

--save-dev 旗標會自動加入上述套件到 package.json 檔內的 devDependencies 物件。

Selenium 的 WebDriver 管理器

Protractor 會需要 Selenium（一種網頁瀏覽器自動化工具）才能夠運作，先前的命令已於 package.json 檔案納入所需的相依性元件。為了方便起見，當呼叫 npm install 時，應該繫結 Selenium WebDriver 的更新命令。透過下列程式碼中粗體字的部分便可達到此目的（webdriver-manager 執行檔的路徑可能因各人的實際環境而有所不同）：

```
(package.json)

{
  "devDependencies": {
    // Node 套件相依性的長串清單
  },
  "scripts": {
    // 此處可能存在其他的腳本
    "install": "node node_modules/protractor/bin/
      webdriver-managerupdate"
  }
}
```

相依性元件的順序並不重要。

 注意

JSON 並不支援註解；前面的註解是為了稍作說明才特別加入。如果試著在 JSON 檔案內加入 JavaScript 形式的註解，會使得 npm 安裝程式產生錯誤。

修改 Gruntfile

Grunt 需被告知到哪裡找尋 Protractor 組態檔，還有已安裝的 npm 模組該如何使用。請修改 Gruntfile.js 檔案為下列內容：

```
(Gruntfile.js)

module.exports = function (grunt) {
  ...

  // 定義所有任務的組態
  grunt.initConfig({

    // 針對 Grunt 任務的一長串設定選項，
    // 像是縮小化與 JS 可靠性分析等
    protractor: {
      options: {
        keepAlive: true,
        configFile: "protractor.conf.js"
      },
      run: {}
    }
  }
}
```

如果設定正確，便能夠在 Grunt 任務中呼叫 protractor:run。

為了在呼叫 grunt test 命令時能夠執行 Protractor 與 E2E 測試套件，必須先擴展相關的 Grunt 任務，如下所示：

```
(Gruntfile.js)

grunt.registerTask('test', [
  // 「grunt test」命令的子任務清單
  'karma',
  'protractor:run'
]);
```

任務的順序並不需要固定，不過 karma 與 protractor:run 則必須位於任何有關於設定測試伺服器的任務之後；因此，直接將它們放置在最後面會是明智之舉。

設定 Protractor 組態

剛剛在 Gruntfile 設定的 Protractor 組態很明顯指向到一個尚未存在的檔案，因此請建立 `protractor.conf.js`，並加入以下內容：

```
(protractor.conf.js)

exports.config = {
  specs: ['test/e2e/*_test.js'],
  baseUrl: 'http://localhost:9001',
  // 檔名、版本與路徑可能會有所不同
  seleniumServerJar: 'node_modules/protractor/selenium/
    seleniumserver-standalone-2.42.2.jar',
  chromeDriver: 'node_modules/protractor/selenium/chromedriver'
}
```

以上內容設置了測試目錄的位置、Yeoman 的 `baseUrl` 及預設的測試連接埠（9001）、Selenium 伺服器以及瀏覽器的設定檔。Protractor 組態在每次執行測試時都會啟動一個新的 Selenium 伺服器實例、並且於 Chrome 瀏覽器上運行 E2E 測試，然後在測試完成後進行清除。

執行測試套件

順利完成前述步驟後，執行 `grunt test` 應該就會執行整個測試套件。

這是如何運作的？

Grunt 的運作及能耐主要是基於模組化的自動化拓樸機制，而方才所設定的組態大致會如下運作：

1. 從命令列執行 `grunt test` 指令。

2. Grunt 會為測試找出 `Gruntfile.js` 檔案內相對應的任務定義。

3. 循序執行測試內所定義的任務，最終會來到 `protractor:run` 項目。

4. Grunt 執行 `protractor:run`，並找出相符的 **Protractor** 的組態定義（位於 `protractor.conf.js` 檔案內）。

5. Protractor 會找尋 `protractor.conf.js`，後者會指示 Grunt 應如何啟動 Selenium 伺服器、到何處取得測試檔案，以及測試伺服器的位置。

6. 執行所有已知的測試。

延伸閱讀

- 「了解 Protractor」一節有關於 Protractor 測試執行器更進一步的說明。

- 「撰寫基本的 E2E 測試」一節示範如何為簡單的應用程式建立端對端的測試基礎。

撰寫基本的單元測試

單元測試應該作為測試套件的基礎，和端對端測試相較之下，通常它們更快、更容易撰寫及維護、設定所需的負擔較少、更容易隨著應用程式擴展。並在對測試失敗的應用程式進行偵錯時，也更便於找出問題區域。

網路上有著許多過於簡化的測試範例，它們極少會包含到真實應用程式所會涉及到的元件與測試用例。反之，本節將針對一個可理解的應用程式元件，以便展示如何撰寫出一套完整的測試。

準備工作

本節假設我們已正確組態本地端的設定，因此 Grunt 便能夠找到測試檔案，並以 Karma 的測試執行器來運行。

假設應用程式內含下列的控制器：

```
(app.js)

angular.module('myApp')
.controller('HandleCtrl', function($scope, $http) {
  $scope.handle = '';
  $scope.$watch('handle', function(value) {
    if (value.length < 6) {
      $scope.valid = false;
    } else {
      $http({
        method: 'GET',
```

```
        url: '/api/handle/' + value
    }).success(function(data, status) {
      if (status == 200 &&
          data.handle == $scope.handle &&
          data.id === null) {
        $scope.valid = true;
      } else {
        $scope.valid = false;
      }
    });
  }
});
});
```

本例一位名為 Jake Hsu 的使用者將進行註冊流程，並嘗試選擇唯一的 handle。處於註冊過程時，為了保證能夠選取到唯一的 handle，必須針對伺服器設置範圍觀察器，藉以檢查該 handle 是否已存在。透過控制器外部（可能位於可見區域中）的機制，便能處理 $scope.handle 的內容，每一次改變其值時，應用程式會送出請求給後端伺服器，然後根據伺服器的回應設定 $scope.valid。

開始進行

為前述案例設計一套詳盡的單元測試，可能會變得相當冗長。為正式版本的應用程式撰寫測試時，很少會審慎地為單一元件建立完整的單元測試，除非該元件十分重要（例如付款與認證功能）。

嘗試建立一組涵蓋下列情境的測試或許便已足夠：客戶端的 handle 無效、伺服端無效，以及伺服端有效。

初始化單元測試

在撰寫實際的測試之前，有必要先建立並模擬和測試元件互動的外部元件，做法如下：

```
(handle_controller_test.js)

// HandleCtrl 的完整測試套件
describe('Controller: HandleCtrl', function() {
  // 待測的元件位於 myApp 模組，因此必須先注入該模組
  beforeEach(module('myApp'));
```

```javascript
// 使用於多個閉包（closures）的值
var HandleCtrl, scope, httpBackend, createEndpointExpectation;

// 在每次 it(function() {}) 子句建立或重新整理相關的元件前，都會執行一次
beforeEach(inject(function($controller, $rootScope, $httpBackend) {

  // 建立模擬的後端伺服器
  httpBackend = $httpBackend;

  // 建立新範圍
  scope = $rootScope.$new();

  // 產生新的控制器實例，並插入所建立的範圍
  HandleCtrl = $controller('HandleCtrl', {
  $scope: scope
});

// 組態 httpBackend，比對由控制器所產生的外送請求，
// 接著根據請求的內容返回 payload；
// 只有在需要時才會呼叫此函數。
createEndpointExpectation = function() {
  // 利用簡單的正規運算式進行 URL 比對，
  // expectGET 需要取得一個請求
  httpBackend.expectGET(/\/api\/handle\/\w+/i).respond(
    function(method, url, data, headers){
      var urlComponents = url.split("/")
        , handle = urlComponents[urlComponents.length - 1]
        , payload = {handle: handle};

      if (handle == 'jakehsu') {
        // handle 存在於資料庫，返回 ID
        payload.id = 1;
      } else {
        // handle 不存在於資料庫
        payload.id = null;
      };

      // AngularJS 允許下列的返回格式：
      // [ 狀態碼，資料，組態 ]
      return [200, payload, {}];
    });
  };
}));

// 組態 httpBackend，檢查模擬伺服器是否未收到額外的請求，
// 或者未看到所期待的某個請求。
afterEach(function() {
  // 驗證是否已滿足所有的 expect<HTTPverb>() 期望
```

```
  httpBackend.verifyNoOutstandingExpectation();
  // 驗證模擬伺服器是否未收到非預期的請求
  httpBackend.verifyNoOutstandingRequest();
 });

 // 單元測試在此
});
```

建立單元測試

完成初始化作業後，接著就能正式建立單元測試。每道 it(function() {}) 子句將
分別計為一個單元測試，並列於 grunt test 的輸出結果。單元測試如下所示：

```
(handle_controller_test.js)

// describe() 是用來標註測試的模組
describe('Controller: HandleCtrl', function() {
  // 單元測試的初始化
  beforeEach( ... );
  afterEach( ... );

  // 客戶端無效的單元測試
  it('Should mark handles which are too short as invalid',
    function() {
    // 嘗試測試不足字元數下限的 handle
    scope.handle = 'jake';
    // $watch 不會執行，直到強制執行處理迴圈（digest loop）
    scope.$apply();
    // 必須滿足此子句，測試方能通過
    expect(scope.valid).toBe(false);
  }
);

// 客戶端有效、伺服器無效的單元測試
it('Should mark handles which exist on the server as invalid',
  function() {
    // 設定伺服器接收特定的請求
    createEndpointExpectation();
    // 嘗試測試滿足字元數下限的 handle ，
    // 但模擬伺服器已存在相同的名稱
    scope.handle = 'jakehsu';
    // 強制執行處理迴圈
    scope.$apply();
    // 模擬伺服器不會送出回應，直到呼叫 flush()
    httpBackend.flush();
    // 必須滿足此子句，測試方能通過
```

```
    expect(scope.valid).toBe(false);
  }
);

// 客戶端有效、伺服器有效的單元測試
it('Should mark handles available on the server as valid',
  function() {
    // 設定伺服器接收特定的請求
    createEndpointExpectation();
    // 滿足字元數下限的 handle，
    // 並且在模擬伺服器上仍是可用的
    scope.handle = 'jakehsu123';
    // 強制執行處理迴圈
    scope.$apply();
    // 送出回應
    httpBackend.flush();
    // 必須滿足此子句，測試方能通過
    expect(scope.valid).toBe(true);
  }
);
```

這是如何運作的？

每個單元測試都描述了一些循序的元件，這些元件說明了應用程式所應該處理的情境。雖然瀏覽器原生執行的 JavaScript 是非同步模式，但單元測試機制提供了大量的可控制性，以便控制非同步作業的完成，因此能以多種方式測試應用程式的處理流程。$http 與 $digest 周期都是 AngularJS 元件，它們能夠容忍不確定的完成時間。不過，此處我們將細密地控制其執行，這能夠使測試套件獲益良多，因為它能達到更廣泛的測試。

初始化控制器

為了測試控制器，必須先建立或模擬控制器及其使用的元件。透過 $controller() 便能夠輕鬆地產生控制器實例，不過若想要測試如何處理範圍的轉換，就得提供範圍實例。由於所有的範圍都是原型繼承自 $rootScope，所以這裡可以建立其實例，然後作為該控制器的範圍。

初始化 HTTP 後端

模擬一個後端伺服器有時候似乎是冗長乏味的，但它可讓我們非常精確地定義單一頁面的應用程式應如何與遠端元件互動。

為了比對控制器所產生的外送請求，此處呼叫包含 URL 正規運算式的 expectGET()。我們能夠定義當 URL 看到請求時的後續反應，就有如在建立伺服端 API 一般。

謹慎的做法是在函數中封裝所有後端端點的初始化，因為其定義指示了應用程式控制器應如何回應以通過測試。$httpBackend 服務提供了 expect<HTTPverb>() 和 when<HTTPverb>()，藉由它們便能夠定義出強大的單元測試。expect() 方法必須在單元測試期間看到相符的請求抵達端點，而 when() 方法則僅僅是啟動模擬的後端來適當地處理請求。在每個單元測試結束時，afterEach() 子句透過 verifyNoOutstandingExpectation() 方法來驗證模擬後端是否已看到所期望的所有請求；或者藉由 verifyNoOutstandingRequest() 方法來檢查是否未看到任何非預期的請求。

正式執行測試套件

在運行單元測試時，AngularJS 對於應用程式應如何與其他元件（涉及變動的潛伏期與非同步回呼作業）互動並不做任何假設。而 $watch 運算式及 $httpBackend 將準確地按照指示運作。

就本質而言，$watch 運算式能夠接受變動的時間，其變因包含了模型變化傳播到整個範圍所需的時間，以及模型欲達到平衡所需的處理迴圈數。在執行單元測試時，範圍的異動（如此處所示）不會觸發 $watch 運算式的回呼作業，除非明確地呼叫 $apply()。此舉允許我們使用中間邏輯，以及不同的修改方式，藉此完整演練 $watch 運算式可能出現的狀況。

此外，很明顯無法仰賴遠端伺服器即時地（或最終地）做出回應。在執行單元測試時，請求可以正常派送給模擬伺服器，不過伺服器會延遲送出回應以及非同步回呼的觸發，直到以 flush() 明確地指示。$watch 運算式以類似的方式允許我們測試請求的處理，無論是正常或緩慢返回、格式錯誤或失敗，甚至是逾時等等。

還有更多

單元測試應該作為測試套件的核心，因為它們能夠確保應用程式元件如預期般表現。其基本原則是：如果單元測試對元件是有效的，那麼就該使用它。

撰寫基本的 E2E 測試

端對端測試能夠有效地補足單元測試。單元測試不做任何有關於完整系統狀態的假設（因此會需要手動對狀態進行模擬），其目的旨在測試極小且往往不可縮減的功能片段。端對端測試則是截然不同的做法，藉由客戶端或終端使用者可用的方法來建立或操作系統狀態，並且確保能夠成功執行完整的使用者介面流程。端對端測試的失敗經常無法查明錯誤的確切源頭，然而，它們絕對是測試套件的必需品，因其能保證應用程式元件之間的互動合作。並且提供了防護網，以便攔截應用程式因其錯綜複雜性所產生的不當行為。

準備工作

本節使用了和前一節（撰寫基本的單元測試）相同的應用程式控制器，因此請參考先前的指示與程式碼解釋。

為了提供操作控制器的介面，應用程式也包含了下列內容：

```
(app.js)

angular.module('myApp', [
  'ngRoute'
])
.config([
  '$routeProvider',
  function($routeProvider){
    $routeProvider
```

```
    .when('/signup', {
      templateUrl: 'views/main.html'
    })
    .otherwise({
      redirectTo: '/',
      template: '<a href="/#/signup">Go to signup page</a>'
    });
  }
]);
```

```
(views/main.html)
```

```
<div ng-controller="HandleCtrl">
  <input type="text" ng-model="handle" />
  <h2 id="success-msg" ng-show="valid">
    That handle is available!
  </h2>
  <h2 id="failure-msg" ng-hide="valid">
    Sorry, that handle cannot be used.
  </h2>
</div>
```

```
(index.html)
```

```
<body ng-app="myApp">
  <div ng-view=""></div>
</body>
```

注 意

請注意，這裡的檔案僅列出重點片段，仍然必須結合這些內容到完整的 AngularJS 應用程式，Protractor 才能夠正常運作。

開始進行

端對端測試套件應儘可能涵蓋所有的使用者流程。理想上，撰寫測試會在模組性、獨立性與避免冗餘之間取得最佳平衡。例如，每個單獨的測試可能並不需要在測試結束時做登出，因為這除了會拖慢測試時間外並無益處。然而，如果 E2E 測試是要用來檢查應用程式的認證機制，藉以防止身份憑證註銷後存在不應有的操作，那麼為登出後的操作採取一系列測試就會非常有意義。根據應用程式的類型與目的，以及背後程式庫的體積和複雜性，測試的重點各不相同。

由於已指示 `protractor.conf.js` 檔案去找尋 `test/e2e/` 目錄下的測試檔案，因此便可以將以下的測試套件放置其中：

```
(test/e2e/signup_flow_test.js)

describe('signup flow tests', function() {
  it('should link to /signup if not already there', function() {
    // 指引瀏覽器到相對的 URL，頁面將同步載入
    browser.get('/');

    // 找尋並抓取頁面的 <a>
    var link = element(by.css('a'));

    // 比對內含的文字，檢查是否已選取正確的 <a>
    expect(link.getText()).toEqual('Go to signup page');

    // 指引瀏覽器到無效的 URL
    browser.get('/#/hooplah');

    // 模擬的 click 事件
    link.click();

    // Protractor 等待頁面產出，接著檢查 URL
    expect(browser.getCurrentUrl()).toMatch('/signup');
  });
});

describe('routing tests', function() {
  var handleInput,
      successMessage,
      failureMessage;

  function verifyInvalid() {
    expect(successMessage.isDisplayed()).toBe(false);
    expect(failureMessage.isDisplayed()).toBe(true);
  }

  function verifyValid() {
    expect(successMessage.isDisplayed()).toBe(true);
    expect(failureMessage.isDisplayed()).toBe(false);
  }

  beforeEach(function() {
    browser.get('/#/signup');
    var messages = element.all(by.css('h2'));
    expect(messages.count()).toEqual(2);
    successMessage = messages.get(0);
```

```
    failureMessage = messages.get(1);
    handleInput = element(by.model('handle'));
    expect(handleInput.getText()).toEqual('');
  })

  it('should display invalid handle on pageload', function() {
    verifyInvalid();
    expect(failureMessage.getText()).
    toEqual('Sorry, that handle cannot be used.');
  });

  it('should display invalid handle for insufficient characters',
      function() {
    // 輸入按鍵來修改模型並觸發 $watch 運算式
    handleInput.sendKeys('jake');
    verifyInvalid();
  })

  it('should display invalid handle for a taken handle', function() {
    // 輸入按鍵來修改模型並觸發 $watch 運算式
    handleInput.sendKeys('jakehsu');
    verifyInvalid();
  })

  it('should display valid handle for an untaken handle', function() {
    // 輸入按鍵來修改模型並觸發 $watch 運算式
    handleInput.sendKeys('jakehsu123');
    verifyValid();
  })
});
```

這是如何運作的？

Protractor 會利用 Selenium 伺服器及 WebDriver 在瀏覽器上完整呈現應用程式，以便模擬使用者與應用程式的互動。端對端測試套件能夠在應用程式實際執行的實例中模擬原生的瀏覽器事件，此外端對端測試中不是藉由 JavaScript 物件的狀態來檢驗正確性，而是透過檢查瀏覽器或 DOM 的狀態來達成目的。

由於端對端測試是和真實的瀏覽器實例互動，因此它們在執行過程必須能夠管理非同步性與不確定性。為了達到這一點，點對點測試的元素選擇器和斷言都得返回承諾（promise）。Protractor 在繼續下一道測試敘述前，將自動等待每一個承諾完成。

還有更多

AngularJS 提供了 ngMockE2E 模組，以便模擬後端伺服器。利用本模組能讓我們防止應用程式發出真正的請求給伺服器，反之則是以類似於單元測試中所採取的方式來模擬請求的處理。然而，多數情況下並不建議整合此模組至應用程式中，原因如下：

■ 目前，正確整合 ngMockE2E 至端對端測試執行器會涉及許多繁文縟節，而且可能會導致 Protractor 的同步問題。

■ 模擬端對端後端伺服器各種回應的 ngMock 語法能夠變得十分冗長，因為較大型的應用程式會使得模擬伺服器的回應邏輯複雜化。

■ 模擬端對端測試的後端端點會違背許多起初的測試目的。撰寫端對端測試的目的是模擬應用程式的全部元件，使其在使用者介面的上下文中被正確地繫結與執行。建立伺服器的假回應可能會消弭掉後端通訊的極端情況，反之若傳送請求到真實伺服器，測試便能夠加以捕捉。

因此，請善加建構端對端測試的結構，建立一個合宜的後端，有效地且逼真地模擬客戶端及伺服端之間的 HTTP 會話。

延伸閱讀

■ 「設定簡單的模擬後端伺服器」一節示範一種聰明的方法，好讓我們快速遍覽測試套件及應用程式。

■ 「撰寫 DAMP 測試」一節展示有效地撰寫 AngularJS 測試的更多實踐。

■ 「使用『頁面物件』測試模式」一節展示有效地撰寫 AngularJS 測試的更多實踐。

設定簡單的模擬後端伺服器

不難理解為什麼採用真實伺服器及模擬回應的端對端測試是如此有用。測試的複雜性涉及了應用程式所使用的工作邏輯，用以處理伺服器所返回的資料。而當依賴於 HTTP 通訊（逾時、伺服器錯誤等）時，所產出的多種可能結果則應一併含括在一套穩健的端對端測試套件中。如果欲針對所謂的極端情況進行測試，那麼建立一個能夠與應用程式互動的模擬伺服器顯然是絕佳的方案。然後便可以設定模擬伺服器來支援不同的端點行為，例如失敗、過慢的回應時間，以及不同的回應資料類型等等。

由於端對端測試執行器預設不會模擬後端伺服器，因此完全能夠正常地以API和端對端測試溝通。如果這符合測試需求，那麼建立一個模擬後端伺服器可能就不必要。然而，倘若打算讓測試涵蓋的作業是非等冪的，或者會不可逆地修改後端伺服器的狀態，那麼建立模擬伺服器便會帶來極大效益。

開始進行

挑選模擬伺服器的風格基本上沒有任何限制，唯一的要求是能夠手動根據所期望的HTTP請求設定回應。可以想像得到，這可能會很簡單也可能會很複雜。但端對端測試的本質便是在大型的應用程式邏輯中頻繁地檢視並修復模擬HTTP端點的許多片段。

如果能夠讓端對端測試執行更簡潔的使用者流程（此外也應該要能夠保持可設計性與可重構性），並且儘可能簡單地模擬出通訊的API，就應該這麼做 —— 通常這意味著寫死的固定回應。接著便來看看檔案式的API伺服器！

```
(httpMockBackend.js)

// 定義一些初始變數
var applicationRoot = __dirname.replace(/\\/g,'/')
  , ipaddress = process.env.OPENSHIFT_NODEJS_IP || '127.0.0.1'
  , port = process.env.OPENSHIFT_NODEJS_PORT || 5001
  , mockRoot = applicationRoot + '/test/mocks/api'
  , mockFilePattern = '.json'
  , mockRootPattern = mockRoot + '/**/*' + mockFilePattern
  , apiRoot = '/api'
  , fs = require("fs")
  , glob = require("glob");

// 建立 Express 應用程式
var express = require('express');
var app = express();

// 根據前面指定的樣式讀取目錄樹
var files = glob.sync(mockRootPattern);

// 註冊目錄樹裡每個檔案的映射
if(files && files.length > 0) {
  files.forEach(function(filePath) {
    var mapping = apiRoot + filePath.replace(mockRoot, '').
      replace(mockFilePattern,'')
      , fileName = filePath.replace(/^.*[\\\/]/, '');
```

```
    // 設定 CORS 標頭，方便區域 AJAX 使用
  app.all('*', function(req, res, next) {
    res.header("Access-Control-Allow-Origin", "*");
    res.header(
      'Access-Control-Allow-Headers',
      'X-Requested-With'
    );
    next();
  });

  // 任何可能會需要的 HTTP 動詞
  [/^GET/, /^POST/, /^PUT/, /^PATCH/, /^DELETE/].forEach(
    function(httpVerbRegex) {
      // 對檔名執行 HTTP 動詞的初始正規運算式
      var match = fileName.match(httpVerbRegex);

      if (match != null) {
        // 移除檔名內的 HTTP 動詞前置字元
        mapping = mapping.replace(match[0] + '_', '');

        // 建立端點
        app[match[0].toLowerCase()](mapping, function(req,res) {
          // 透過回應檔案的 JSON 內容來處理請求
          var data = fs.readFileSync(filePath, 'utf8');
          res.writeHead(200, {
            'Content-Type': 'application/json'
          });
          res.write(data);
          res.end();
        });
      }
    }
  );

  console.log('Registered mapping: %s -> %s', mapping,
      filePath);
  });
} else {
  console.log('No mappings found! Please check the
  configuration.');
}

// 啟動 API 模擬伺服器
console.log('Application root directory: [' +
    applicationRoot +']');
console.log('Mock Api Server listening: [http://' +
    ipaddress +':' + port + ']');
app.listen(port, ipaddress);
```

這是一個簡單的Node程式，可透過下列命令執行：

```
$ node httpMockServer.js
```

注意

這個Node.js程式會依賴一些npm套件，可藉由npm install glob fs express命令安裝。

這是如何運作的？

這個簡單的express.js伺服器能夠將傳入的請求URL與test/mocks/api/子目錄下的JSON檔案進行比對，接著再比對請求中的HTTP動詞與檔案的前置字元。所以localhost:5001/api/user的GET請求將返回/test/mocks/api/GET_user.json的JSON內容；而localhost:5001/api/user/1的PATCH請求則回傳/test/mocks/api/user/PATCH_1.json的內容，以此類推。由於是自動找出檔案並加入至Express路由，此舉可讓我們輕易且快速地模擬一個能夠回應多種請求類型的後端伺服器。

還有更多

這項設定很明顯存在一些限制，包括條件式請求的處理以及認證等等。因此這絕非後端伺服器的完整解決方案；不過，若想要快速建立測試套件或建置座落於HTTP API之上的應用程式片段，那麼前述方法倒是十分有用。

延伸閱讀

■ 「撰寫基本的E2E測試」一節展示有關於端對端測試套件的核心策略。

撰寫DAMP測試

任何經驗豐富的開發者肯定都熟悉「**不要重複**」（Don't Repeat Yourself，**DRY**）的程式設計原則。在架構正式版的應用程式時，遵循DRY原則能夠確保沒有重複的邏輯（或儘可能地越少越好），藉此改善程式碼的可維護性，以利有效地新增或修改系統功能。

相反的，**描述性及有意義的語句**（Descriptive And Meaningful Phrases，**DAMP**）則能夠確保確保沒有太多的抽象導致程式碼難以理解，藉此改善程式的可讀性，即使冗餘的代價也會隨之引入。Jasmine 提供了**特定領域語言**（Domain Specific Language，**DSL**）的語法來達成這項目的，它能夠以類似於人類語言的方式來聲明並推導程式的運作。

開始進行

下列測試是取自「撰寫基本的單元測試」一節，內容未經修改：

```
it('should display invalid handle for insufficient characters',
function() {
  // 輸入按鍵來修改模型並觸發 $watch 運算式
  handleInput.sendKeys('jake');
  verifyInvalid();
})

it('should display invalid handle for a taken handle', function() {
  // 輸入按鍵來修改模型並觸發 $watch 運算式
  handleInput.sendKeys('jakehsu');
  verifyInvalid();
})
```

以上即被視為一組 DAMP 測試，執行這些測試的開發者很快便能夠拼湊出事物的全貌，例如應該發生什麼事、發生的地點，以及測試可能失敗的原因等。

然而，具有 DRY 意識的開發者將審查這些測試、辨別其中的冗餘，然後重構成類似下列的內容：

```
it('should reject invalid handles', function() {
  // 輸入按鍵來修改模型並觸發 $watch 運算式
  ['jake', 'jakehsu'].forEach(function(handle){
    handleInput.clear();
    handleInput.sendKeys(handle);
    verifyInvalid();
  });
});
```

這段程式碼絕對比前一段更符合 DRY 原則，測試仍舊會通過，並且會檢驗出正確的行為，但也會導致明顯的資訊缺口，影響了測試的效益。單元測試的最初版本是呈現兩個應被視為無效的測試用例，不過是為了不同的原因 —— 一個是不足長度下限，而另一個則是已重複存在。如果其中一個測試失敗，將引導開發者到確切的測試用例，接著便能檢視失敗的原因，並且迅速採取相對應的行動。反之在單元測試的 DRY 版本中，開發者也會看到測試失敗，不過由於這兩個單元測試已濃縮在一起，所以無法立即看出是哪一個造成失敗或為什麼失敗。在這種情況下，DAMP 測試會更有利於快速找出並修復應用程式中的錯誤。

還有更多

本節提供一個相對簡單的範例，不過卻展示了 DAMP 和 DRY 之間的根本差異。一般而言，其基本原則是正式版的程式應盡可能採用 DRY，而對於測試套件則是 DAMP。應用程式應該針對可維護性進行最佳化，測試則是針對易懂性。

或許和直覺相反，DAMP 原則並不一定和 DRY 原則互斥 —— 它們只是適用於不同的目的。只要能夠兼顧程式碼的可維護性以及測試的可讀性，那麼單元測試及端對端測試都應該遵循 DRY。通常這會應用在測試中的設置與卸除常式 —— 請盡可能讓這些常式遵循 DRY 原則，因為它們很少會包含應用程式元件的相關資訊或程序。認證與導覽功能是很好的例子，能夠顯示出對設置及卸除常式進行 DRY 重構的效益。

延伸閱讀

■ 「撰寫基本的 E2E 測試」一節展示有關於端對端測試套件的核心策略。

■ 「使用『頁面物件』測試模式」一節展示有效地撰寫 AngularJS 測試的更多實踐。

使用「頁面物件」測試模式

建立並維護應用程式的測試套件算是件辛苦的工作，然而開發者應該建構出一種更為穩健的測試套件，好讓軟體系統的正常演進不會迫使開發者花費太多時間來維護測試的程式碼。

有一種出奇合理的設計模式名叫「頁面物件」(Page Object) 模式，它能夠封裝頁面的部份使用者體驗，並且從實際的測試邏輯中抽象出來。

開始進行

可利用頁面物件模式重構「撰寫基本的 E2E 測試」一節內的 test/e2e/signup_flow_test.js 及其相關檔案。

重構 test/pages/main.js 檔案後的內容如下：

```
(test/pages/main.js)

var MainPage = function () {
  // 初始化頁面物件後導引瀏覽器
  browser.get('/');
};

MainPage.prototype = Object.create({},
  {
    // 頁面元素的獲取者
    signupLink: {
      get: function() {
        return element(by.css('a'));
      }
    }
  }
);

module.exports = MainPage;
```

重構 test/pages/signup.js 檔案後的內容如下：

```
(test/pages/signup.js)

var SignupPage = function () {
  // 初始化頁面物件後導引瀏覽器
  browser.get('/#/signup');
};

SignupPage.prototype = Object.create({},
  {
    //頁面元素的多個獲取者
    messages: {
      get: function() {
        return element.all(by.css('h2'));
      }
```

```
    },
    successMessage: {
      get: function() {
        return this.messages.get(0);
      }
    },
    failureMessage: {
      get: function() {
        return this.messages.get(1);
      }
    },
    handleInput: {
      get: function() {
        return element(by.model('handle'));
      }
    },
    // 有效頁面的獲取者
    successMessageVisibility: {
      get: function() {
        return this.successMessage.isDisplayed();
      }
    },
    failureMessageVisibility: {
      get: function() {
        return this.failureMessage.isDisplayed();
      }
    },
    // 頁面元素的介面
    typeHandle: {
      value: function(handle) {
        this.handleInput.sendKeys(handle);
      }
    }
  }
);

module.exports = SignupPage;
```

重構test/e2e/signup_flow_test.js檔案後的內容如下：

```
(test/e2e/signup_flow_test.js)

var SignupPage = require('../pages/signup.js')
  , MainPage = require('../pages/main.js');
```

```
describe('signup flow tests', function() {
  var page;
  beforeEach(function() {
    // 初始化頁面物件
    page = new MainPage();
  });

  it('should link to /signup if not already there', function() {
    // 比對內含的文字，檢查是否已選取正確的 <a>
    // expect(link.getText()).toEqual('Go to signup page');
    expect(page.signupLink.getText()).toEqual('Go to signup page');

    // 指引瀏覽器到無效的 URL
    browser.get('/#/hooplah');

    // 模擬 click 事件
    page.signupLink.click();

    // Protractor 等待頁面產出，接著檢查 URL
    expect(browser.getCurrentUrl()).toMatch('/signup');
  });
});

describe('routing tests', function() {
  var page;

  function verifyInvalid() {
    expect(page.successMessageVisibility).toBe(false);
    expect(page.failureMessageVisibility).toBe(true);
  }

  function verifyValid() {
    expect(page.successMessageVisibility).toBe(true);
    expect(page.failureMessageVisibility).toBe(false);
  }

  beforeEach(function() {
    // 初始化頁面物件
    page = new SignupPage();
    // 檢查頁面的訊息數是否為 2
    expect(page.messages.count()).toEqual(2);
    // 檢查 handle 的輸入文字是否為空
    expect(page.handleInput.getText()).toEqual('');
```

```
});

it('should display invalid handle on pageload', function() {
  // 檢查初始的頁面狀態是否無效
  verifyInvalid();
  expect(page.failureMessage.getText()).
  toEqual('Sorry, that handle cannot be used.');
});

it('should display invalid handle for insufficient characters',
    function() {
  // 輸入按鍵來修改模型並觸發 $watch 運算式
  page.typeHandle('jake');
  verifyInvalid();
})

it('should display invalid handle for a taken handle', function() {
  // 輸入按鍵來修改模型並觸發 $watch 運算式
  page.typeHandle('jakehsu');
  verifyInvalid();
})

it('should display valid handle for an untaken handle', function() {
  // 輸入按鍵來修改模型並觸發 $watch 運算式
  page.typeHandle('jakehsu123');
  verifyValid();
})
})
```

這是如何運作的？

應該立即能夠明白為什麼會需要這種測試模式。詳細檢視目前的測試，現在不需要知道有關於頁面特定內容的任何資訊，就能夠瞭解測試是如何操作應用程式的。

頁面物件利用 Object.create() 的次要且選擇性的 objectProperties 引數來為頁面建立一個合宜的介面。透過這些頁面物件，我們就能避免為了頁面片段的參照，建立出極大量的區域變數。此外，它們還能為測試邏輯帶來許多彈性。這些測試仍有可能做出進一步的重構，將驗證邏輯轉移到頁面物件。不過最終決定權仍是在開發者手上，由開發者對於頁面物件使用密度的喜好而定。

還有更多

在本例中，頁面物件的獲取者介面是特別有用的，因為端對端測試的本質便意味著需要在測試期間的若干檢查點對頁面狀態進行求值，而執行求值作業的獲取者（作為頁面物件的屬性）則能夠產生極為整潔的測試語法。

另請留意 SignupPage 物件的若干間接層。這種形式的分層絕對是優勢之一，讓頁面物件在端對端測試中保持 DRY 是至關重要的。而針對反覆性的頁面元素則應有其精簡的做法！

延伸閱讀

■ 「撰寫基本的 E2E 測試」一節展示有關於端對端測試套件的核心策略。

■ 「撰寫 DAMP 測試」一節展示有效地撰寫 AngularJS 測試的更多實踐。

發揮 AngularJS 極致效能

本章涵蓋以下內容：

- 認識 AngularJS 地雷

- 建立通用的觀察回呼

- 檢查應用程式的觀察器

- 有效地部署與管理 $watch 類型

- 利用參照 $watch 最佳化應用程式

- 利用等式 $watch 最佳化應用程式

- 利用 $watchCollection 最佳化應用程式

- 利用註銷 $watch 最佳化應用程式

- 最佳化樣板繫結的觀察運算式

- 在 ng-repeat 的編譯階段最佳化應用程式

- 在 ng-repeat 內使用 track by 最佳化應用程式

- 修整受觀察的模型

簡介

就 AngularJS 大多數的技術而言，魔鬼就藏在細節裡。

一般來說，最常見的 AngularJS 性能低迷是超載應用程式資料繫結頻寬的結果。這很容易發生，因為一套具規模且正式的系統會包含大量的資料繫結，想要保持應用程式的精實性也會變得越加困難。值得慶幸的是，針對各種不同資料繫結程度所可能遭遇到的困難及阻礙，只要遵循最佳實踐並改善底層框架的結構，就能有效地解決效能瓶頸。

認識 AngularJS 地雷

時常會很難查明導致效能嚴重下降的設定及組合，因為所使用的元件本身往往都是完全無害的。

開始進行

下列情境只是列舉一部分的常見狀況，它們會降低應用程式的效能及回應能力。

ng-repeat 裡昂貴的過濾器

過濾器會在每次枚舉集合偵測到異動時執行，如下所示：

```
<div ng-repeat="val in values | filter:slowFilter"></div>
```

不應讓過濾器進行大量的處理，因為必須假設過濾器會在應用程式中被頻繁地呼叫。

過度觀察大型物件

建立一個範圍觀察器來對整個模型物件進行求值，看似是一個很誘人的主意。只要在最終參數傳入 true，如下所示：

```
$scope.$watch(giganticObject, function() { ... }, true);
```

但這是不良的設計決定，因為 AngularJS 在 $digest 周期之間都必須確認該物件是否有變化，此舉還意謂著物件的歷史內容必須被保存，並且每次都得進行比對。

在索引需要異動時使用 $watchCollection

雖然這在一些情況下極為方便，但如果試著找尋其內的異動索引，$watchCollection 就會形成阻塞。請見底下的程式碼：

```
$scope.$watchCollection(giganticArray, function(newVal, oldVal, scope)
{
  var count = 0;
  // 遍覽 newVal 陣列
  angular.forEach(newVal, function(oldVal) {
```

```
    // 如果陣列的快照索引不符合，代表模型值已被修改
    if (newVal[count] !== oldVal[count]) {
      // 針對物件差異的後續邏輯
    }
    count++;
  });
});
```

在每次的 $digest 周期，觀察器都會查看每個陣列，以便找出被修改的索引。由於會經常呼叫觀察器，因此當受觀察的集合增長時，這種方法便可能會帶來效能問題。

過度掌控樣板觀察器

樣板所繫結的每一個運算式都會註冊自己的觀察名單，以便維持資料與可見區域的繫結。假設想要在一個二維網格中使用資料，如下所示：

```
<div ng-repeat="row in rows">
  <div ng-repeat="val in row">
    {{ val }}
  </div>
</div>
```

假設 row 代表多個陣列中的單一陣列，以上的樣板片段會為二維陣列的每個元素產生一個觀察器。由於觀察名單是線性處理的，因此這種方法顯然有可能會嚴重損害應用程式的效能。

還有更多

這些只是會導致問題的一部分情境，還有其他不可勝數的可能設定能夠造成非預期的效能緩慢。但若能夠保持警覺並注意到常見的反模式，也就能夠大幅消弭那些會令人頭痛的效能問題。

延伸閱讀

- 「建立通用的觀察回呼」一節說明如何追蹤應用程式觀察器的呼叫頻率。

- 「檢查應用程式的觀察器」一節示範如何查驗應用程式的內部，以便找尋觀察器的集中處。

- 「有效地部署與管理 $watch 類型」一節說明如何有效地避免觀察器的臃腫化。

建立通用的觀察回呼

由於 AngularJS 觀察器的多樣性經常會是效能問題的根源，因此若能夠監視應用程式的觀察名單及活動，便相當有益處。很少有入門級的 AngularJS 開發者會知道框架多久執行一次骯髒檢查。如果有一種工具能讓他們得知框架是在何時進行模型歷史的比較，便會是十分有用。

開始進行

`$scope.$watch()`、`$scope.$watchGroup()` 與 `$scope.$watchCollection()` 方法通常會包含一個字串型的物件路徑，這會成為異動監聽器的目標。然而不提供異動監聽器目標並直接註冊一個觀察回呼是有可能的，如下所示：

```
// 每次修改 $scope.foo 時就呼叫一次
$scope.$watch('foo', function(newVal, oldVal, scope) {
  // newVal 是 $scope.foo 的現值
  // oldVal 是 $scope.foo 的前值
  // scope === $scope
});

// 每次修改 $scope.bar 時就呼叫一次
$scope.$watch('bar', function(newVal, oldVal, scope) {
  // newVal 是 $scope.bar 的現值
  // oldVal 是 $scope.bar 的前值
  // scope === $scope
});

// 在每個 $digest 周期呼叫一次
$scope.$watch(function(scope) {
  // scope === $scope
});
```

 提示

JSFiddle: http://jsfiddle.net/msfrisbie/r36ak6my/

這是如何運作的？

這裡並沒有任何詭詐的手段；通用觀察器確實是由 AngularJS 所提供的一項功能。雖然是呼叫範圍物件的 $watch()，但其回呼會在每一次修改模型時執行，不受範圍定義的限制。

還有更多

儘管模型的任何修改都能夠產生觀察回呼，但這個孤立的 scope 回呼參數仍然是對應到觀察器的範圍，而非發生異動的範圍。

 注 意

通用觀察器在每次的 $digest 周期都會附加額外的邏輯，而這會嚴重降低應用程式的效能，所以最好只使用於偵錯目的。

延伸閱讀

■ 「檢查應用程式的觀察器」一節示範如何查驗應用程式的內部，以便找尋觀察器的集中處。

■ 「有效地部署與管理 $watch 類型」一節說明如何有效地避免觀察器的臃腫化。

檢查應用程式的觀察器

雖然 Batarang 瀏覽器外掛程式可讓我們檢查應用程式的觀察樹，但在許多情境裡，若是能夠動態地在控制台或程式碼中查看觀察名單，則會更有助於偵錯或做出決策。

開始進行

底下的函數能夠為觀察器檢查全部或部分的 DOM，它會接收一個選擇性的 DOM 元素作為引數：

```
var getWatchers = function (element) {
  // 轉換為 jqLite/jQuery 元素
  // angular.element 是等冪的
  var el = angular.element(
```

```
      // 預設是 body 元素
      element || document.getElementsByTagName('body')
  )
  // 擷取 DOM 元素資料
  , elData = el.data()
  // 初始化回傳的 watchers 陣列
  , watchers = [];

  // AngularJS 利用 3 種分類列出觀察
  // 每一種都包含等冪的觀察名單
  angular.forEach([
      // 通用的繼承範圍
      elData.$scope,
      // 貼附到樣板前導指令的隔離範圍
      elData.$isolateScope,
      // 貼附到非樣板前導指令的隔離範圍
      elData.$isolateScopeNoTemplate
  ],
  function (scope) {
      // 每個元素都有可能沒有附加的範圍類別
      if (scope) {
        // 附加觀察名單
        watchers = watchers.concat(scope.$$watchers || []);
      }
  }
);

  // 遞迴處理 DOM 樹
  angular.forEach(el.children(), function (childEl) {
    watchers = watchers.concat(getWatchers(childEl));
  });
  return watchers;

};
```

 提示

JSFiddle: http://jsfiddle.net/msfrisbie/d58g77m1/

接下來便能呼叫該函數並傳入 DOM 節點，然後就能查明其內的觀察器，如下所示：

```
// 文件內所有的觀察器
getWatchers(document);

// 註冊表單內的所有觀察器
getWatchers(document.getElementById('signup-form'));
```

```
// 所有位於 <div class="container"></div> 內的觀察器
getWatchers($('div.container'));
```

這是如何運作的？

透過jQuery/jqLite元素物件的data()方法，就有可能存取DOM元素的$scope物件
（毋須注入）。$scope物件有一個$$watchers屬性，其內會列出有多少觀察器定義於
$scope物件上。

前述函數會詳盡地遞迴DOM樹並檢查每個節點，以便確認是否有貼附於其內的範圍。
如果有，就讀取該範圍所定義的觀察器，然後加入至主觀察名單。

還有更多

這只是單一且通用的觀察器實作，由於觀察器是位於單一範圍，因此理應利用該函數的
元件來檢查單一範圍實例，而非用於子DOM的子樹。

延伸閱讀

- 「認識AngularJS地雷」一節展示常見的效能低落情境。
- 「建立通用的觀察回呼」一節說明如何追蹤應用程式觀察器的呼叫頻率。
- 「有效地部署與管理$watch類型」一節說明如何有效地避免觀察器的臃腫化。

有效地部署與管理 $watch 類型

AngularJS資料繫結背後的怪獸是骯髒檢查以及隨之而來的負擔。如果深入瞭解應用程
式的背後運作，那麼會發現即使是最優雅的應用程式也會涉及大量的骯髒檢查；當然，
這實屬正常，而框架的設計也有能力處理骯髒檢查的巨幅變動負荷（來自於不同種類的
應用程式）。然而，如果要確保物件比對機制在大規模的使用下，仍能夠保有效能，則
骯髒檢查必須做到最小化部署、有效的組織，以及適當的目標。儘管AngularJS的骯髒
檢查有經過嚴謹的設計與最佳化，但仍然會很容易因為過多的資料比較，而拖垮應用程
式的效能。就像是有一位不合作的伙伴總往獨木舟的相反方向划動，便可能會使整艘船
停滯不前；同樣地，一道不嚴謹的觀察敘述也有可能會使AngularJS應用程式的回應能
力掉至谷底。

開始進行

有效部署觀察器的策略彙整如下。

觀察的模型越小越好

觀察器會十分頻繁地檢查所繫結的模型部份，任何模型的異動只要不影響觀察回呼函數的內容，那麼觀察器就就無須去注意。

儘可能讓觀察運算式保持輕量化

每次的處理周期都會對觀察運算式 $scope.$watch('**myWatchExpression**', function() {});進行求值以確認輸出。當然也能把諸如 3 + 6 或 myFunc() 等式子作為運算式，但如此一來便會在每次的處理周期進行求值，取得新的返回值，以便和上一次記錄的返回值進行比較。這極少會是有必要的，因此只要繫結觀察器至模型屬性即可。

儘可能使用最少量的觀察器

由於每次的 $digest 周期都得對整個觀察名單進行求值，因此很理所當然的，名單中若有越少的觀察器就能產生越快的 $digest 周期。

維持觀察回呼的輕量化

在每次觀察運算式改變時就會觸發一次觀察回呼，其頻率取決於應用程式的特性。因此，若讓回呼函數保持高延遲性的計算或請求，便十分不明智。

建立 DRY 的觀察器

儘管和效能無關，但維護相當多組的觀察器也可能會變得十分討厭。而 AngularJS 所提供的 $watchCollection 及 $watchGroup 功能便能夠有效協助觀察器的整併。

延伸閱讀

- 「認識 AngularJS 地雷」一節展示常見的效能低落情境。

- 「利用參照 $watch 最佳化應用程式」一節展示如何有效地部署基本的觀察類型。

- 「利用等式 $watch 最佳化應用程式」一節展示如何有效地部署更加深入的觀察類型。

- 「利用 $watchCollection 最佳化應用程式」一節示範如何在應用程式中利用居中深度的觀察器。

- 「利用註銷 $watch 最佳化應用程式」一節展示如何在觀察名單中清除不再需要的項目。

- 「最佳化樣板繫結的觀察運算式」一節解釋 AngularJS 如何管理那些因為樣板資料繫結而默默地建立的觀察器。

利用參照 $watch 最佳化應用程式

參照觀察器會註冊一個使用嚴格等式（===）作為比較器的監聽器，它會驗證物件身份是否相符或基本類型是否相等。其意義是只有當觀察器所監聽的模型被指派給新物件時，才會註冊異動。

開始進行

參照觀察器應該用於物件屬性不重要的情況。這是最有效率的 $watch 類型，因為它只要求最頂層的物件比較。

觀察器的建立如下所示：

```
$scope.myObj = {
  myPrim: 'Go Bears!',
  myArr: [3,1,4,1,5,9]
};

// 透過參照觀察 myObj
$scope.$watch('myObj', function(newVal, oldVal, scope) {
  // 回呼邏輯
});

// 透過參照只觀察 myObj 的 myPrim 屬性
```

```
$scope.$watch('myObj.myPrim', function(newVal, oldVal, scope) {
  // 回呼邏輯
});

// 透過參照只觀察 myObj.myArr 的第二個元素
$scope.$watch('myObj.myArr[1]', function(newVal, oldVal, scope) {
  // 回呼邏輯
});
```

提示

細心的讀者應該會發現，有些例子在技術上可說是冗餘的；進一步的解釋請見「這是如何運作的？」一節。

這是如何運作的？

參照比較器只會在重新指派物件時呼叫觀察回呼函數。

假設初始化 $scope 物件如下：

```
$scope.myObj = {
  myPrim: 'Go Bears!'
};
$scope.myArr = [3,1,4,1,5,9];

// 透過參照觀察 myObj
$scope.$watch('myObj', function() {
  // callback logic
});
// 透過參照觀察 myArr
$scope.$watch('myArr', function() {
  // callback logic
});
```

一旦指派受觀察的物件至不同的基本類型或物件，就會註冊成骯髒狀態。下列範例將會產生回呼執行：

```
$scope.myArr = [];
$scope.myObj = 1;
$scope.myObj = {};
```

在頂層參照的觀察下，任何僅影響物件內部的異動都不會被註冊，這包括修改、建立及刪除等。例如，下列範例都不會產生回呼執行：

```
// 取代既有的屬性
$scope.myObj.myPrim = 'Go Giants!';

// 加入新屬性
$scope.myObj.newProp = {};

// 加入至陣列
$scope.myArr.push(2);

// 修改陣列元素
$scope.myArr[0] = 6;

// 刪除屬性
delete myObj.myPrim;
```

 提示

JSFiddle: http://jsfiddle.net/msfrisbie/h7hvbfkg/

還有更多

總而言之，參照觀察器是最有效率的觀察器類型，因此在選擇觀察器的設定時，請優先選擇它。

延伸閱讀

■ 「利用等式 $watch 最佳化應用程式」一節展示如何有效地部署更加深入的觀察類型。

■ 「利用 $watchCollection 最佳化應用程式」一節示範如何在應用程式中利用居中深度的觀察器。

■ 「利用註銷 $watch 最佳化應用程式」一節展示如何在觀察名單中清除不再需要的項目。

利用等式 $watch 最佳化應用程式

等式觀察器會註冊一個使用 angular.equals() 作為比較器的監聽器，它會徹底地檢查所有物件的整體，藉以確保它們的物件階層是否相同。指派新物件或修改屬性皆會註冊為異動，並且會呼叫觀察回呼函數。

這個觀察器應該用於當物件的任何修改皆被視為是異動事件時，例如當使用者物件的不同層次屬性出現變化時。

開始進行

當第三個選擇性的布林引數被設成 true 時，等式比較器就會被使用。除此之外，這些觀察器在語法上都等同於參照觀察器，如下所示：

```
$scope.myObj = {
  myPrim: 'Go Bears!',
  myArr: [3,1,4,1,5,9]
};

// 以等式觀察 myObj
$scope.$watch('myObj', function(newVal, oldVal, scope) {
  // 回呼邏輯
}, true);
```

這是如何運作的？

受觀察物件及其內部的任何修改，都會使等式比較器呼叫觀察。

假設初始化 $scope 物件如下：

```
$scope.myObj = {
  myPrim: 'Go Bears!'
};
$scope.myArr = [3,1,4,1,5,9];

// 透過等式觀察 myObj
$scope.$watch('myObj', function() {
  // 回呼邏輯
  }, true);
// 透過等式觀察 myArr
$scope.$watch('myArr', function() {
```

```
  // 回呼邏輯
}, true);
```

下列的所有範例都會產生回呼執行：

```
$scope.myArr = [];
$scope.myObj = 1;
$scope.myObj = {};
$scope.myObj.myPrim = 'Go Giants!';
$scope.myObj.newProp = {};
$scope.myArr.push(2);
$scope.myArr[0] = 6;
delete myObj.myPrim;
```

 提示

JSFiddle: http://jsfiddle.net/msfrisbie/w24mrkfm/

還有更多

觀察器必須儲存物件先前的版本，才能夠進行比較；等式觀察器分別利用 `angular.copy()` 方法來存放物件，以及 `angular.equals()` 方法來測試相等性。就大型的物件而言，不難推論出前述作業將為應用程式帶來延遲。因此，除非絕對必要，否則不應使用等式觀察器。

延伸閱讀

- 「利用參照 `$watch` 最佳化應用程式」一節展示如何有效地部署基本的觀察類型
- 「利用 `$watchCollection` 最佳化應用程式」一節示範如何在應用程式中利用居中深度的觀察器。
- 「利用註銷 `$watch` 最佳化應用程式」一節展示如何在觀察名單中清除不再需要的項目。

利用 $watchCollection 最佳化應用程式

AngularJS 提供了一個名為 `$watchCollection` 的居中觀察類型來註冊監聽器，它會利用淺層的觀察深度進行比較。一旦修改物件的任何屬性，`$watchCollection` 類型便會註冊一個異動事件，但不會去注意那些屬性所參照的內容。

開始進行

針對頻繁的頂層屬性變化或重新指派，這個觀察器特別適用於符合這類情形的陣列或扁平物件。目前它並未提供負責回呼的異動屬性，而是整個物件，因此回呼函數得負責確認哪些屬性或索引是不一致的。做法如下：

```
$scope.myObj = {
  myPrimitive: 'Go Bears!',
  myArray: [3,1,4,1,5,9]
};

// 透過參照觀察 myObj 及全部的頂層屬性
$scope.$watchCollection('myObj', function(newVal, oldVal, scope) {
  // 回呼邏輯
});

// 透過參照觀察 myObj.myArr 及其全部元素
$scope.$watchCollection('myObj.myArr', function(newVal, oldVal, scope)
{
  // 回呼邏輯
});
```

這是如何運作的？

$watchCollection工具會設定模型物件及其既有屬性的參照觀察器。當重新指派物件或頂層的屬性時，便會呼叫觀察回呼函數。

假設初始化$scope物件如下：

```
$scope.myObj = {
  myPrim: 'Go Bears!',
  innerObj: {
    innerProp: 'Go Bulls!'
  }
};
$scope.myArr = [3,1,4,1,5,9];

// 將 myObj 作為集合進行觀察
$scope.$watchCollection('myObj', function() {
  // 回呼邏輯
});

// 將 myArr 作為集合進行觀察
$scope.$watchCollection('myArr', function() {
```

```
  // 回呼邏輯
});
```

下列範例將產生回呼執行：

```
// 重新指派物件
$scope.myArr = [];
$scope.myObj = 1;
$scope.myObj = {};

// 重新指派頂層屬性
$scope.myObj.myPrim = 'Go Giants!';

// 重新指派陣列元素
$scope.myArr[0] = 6;

// 刪除頂層屬性
delete myObj.myPrim;
```

下列範例則不會產生回呼執行：

```
// 加入新屬性
$scope.myObj.newProp = {};

// 加入新元素至陣列
$scope.myArr.push(2);

// 修改、建立或刪除巢狀屬性
$scope.myObj.innerObj.innerProp = 'Go Blackhawks!';
$scope.myObj.innerObj.otherProp = 'Go Sox!';
delete $scope.myObj.innerObj.innerProp;
```

提示

JSFiddle: http://jsfiddle.net/msfrisbie/jnL12sck/

還有更多

`$watchCollection`的名稱會有點誤導人（取決於如何看待JavaScript的枚舉集合），因為其行為可能並不如預期所想——尤其是它並未觀察那些加入至集合的元素。由於明確定義的屬性與陣列索引，實質上在物件屬性層級是完全相同的，因此`$watchCollection`更像是一種單一層級的參照觀察器。

延伸閱讀

- 「有效地部署與管理 $watch 類型」一節說明如何有效地避免觀察器的臃腫化。

- 「利用參照 $watch 最佳化應用程式」一節展示如何有效地部署基本的觀察類型。

- 「利用等式 $watch 最佳化應用程式」一節展示如何有效地部署更加深入的觀察類型。

- 「利用註銷 $watch 最佳化應用程式」一節展示如何在觀察名單中清除不再需要的項目。

利用註銷 $watch 最佳化應用程式

再沒有什麼方式比直接銷毀觀察器還來得更有效率。請思考不再需要觀察某個模型元件的情景:建立觀察的同時將返回一個註銷函數,其目的是在被呼叫時解除此觀察器。

開始進行

初始化觀察器之後會返回一個註銷函數,然後便必須保存此函數直到被呼叫。做法如下:

```
$scope.myObj = {}

// 透過參照觀察 myObj
var deregister = $scope.$watch('myObj',
    function(newVal, oldVal,scope) {
  // 回呼邏輯
});

// 防止額外的異動去呼叫回呼
deregister();
```

 提示

JSFiddle: http://jsfiddle.net/msfrisbie/yLhwfvwL/

這是如何運作的?

當應用程式狀態的某個變化使得某個觀察器不再有用(但定義於其內的範圍仍然存在)時,通常都需要摧毀 $watch。在銷毀範圍時 —— 無論是手動還是自動 —— 定義於其上的觀察器將被標記為可進行垃圾回收,因此便不需要手動卸除。

不過，這仍然會取決於該觀察器的範圍。如果應用程式有定義於父範圍或 `$rootScope` 的觀察器，它們便不會被標記為垃圾回收，而必須在銷毀範圍時（通常是以 `$scope.$on('$destroy', function() {})` 來完成）手動銷毀，否則應用程式就會因為孤立觀察器的存在而出現記憶體洩漏的風險。

延伸閱讀

- 「有效地部署與管理 `$watch` 類型」一節說明如何有效地避免觀察器的臃腫化。
- 「利用參照 `$watch` 最佳化應用程式」一節展示如何有效地部署基本的觀察類型。
- 「利用等式 `$watch` 最佳化應用程式」一節展示如何有效地部署更加深入的觀察類型。
- 「利用 `$watchCollection` 最佳化應用程式」一節示範如何在應用程式中利用居中深度的觀察器。

最佳化樣板繫結的觀察運算式

任何在雙大括號「`{{ }}`」內的 AngularJS 樣板運算式，將都能夠在編譯時透過封閉的 AngularJS 運算式來註冊等式觀察器。

開始進行

很容易便能夠識別出將大括號作為樣板資料繫結的 AngularJS 語法，如下所示：

```
<div ng-show="{{myFunc()}}">
  {{ myObj }}
</div>
```

就算是對於入門級的 AngularJS 開發者，這也是非常顯而易見的。

插入前述的運算式至可見區域後，即會隱性地為每道運算式建立觀察器。相對應的觀察器大致等同如下：

```
$scope.$watch('myFunc()', function() { ... }, true);
$scope.$watch('myObj', function() { ... }, true);
```

這是如何運作的？

樣板中位於「{{ }}」內的 AngularJS 運算式便是註冊至觀察名單的項目。在每次執行骯髒檢查時，都會對該運算式的任何方法或邏輯進行求值，藉以取得返回值。細心的開發者會注意到每次的處理周期都會對 myFunc() 的邏輯進行求值，而這會導致效能的迅速下降。因此，若能夠盡早讓觀察項目的值可供計算則是較有利的。完成此舉的一種簡單方法是完全不提供運算式方法或邏輯，而只計算方法的輸出，然後存放於一個模型屬性，接著便能夠傳送給樣板。

還有更多

樣板的觀察項目是由設置與卸除程序做自動化的處理。但還是得小心，於樣板中使用「{{ }}」會悄悄造成觀察的數目上升。AngularJS 1.3 引進了 **繫結一次**（bind once）的功能，好讓我們能夠在編譯時插入模型資料至可見區域中，卻不會帶來資料繫結的負擔（除非有必要）。

延伸閱讀

- 「檢查應用程式的觀察器」一節示範如何查驗應用程式的內部，以便找尋觀察器的集中處。

- 「有效地部署與管理 $watch 類型」一節說明如何有效地避免觀察器的臃腫化。

- 「在 ng-repeat 的編譯階段最佳化應用程式」一節示範如何減少重複器內部的冗餘處理。

- 「在 ng-repeat 內使用 track by 最佳化應用程式」一節展示如何設定應用程式來防止重複器內部不必要的產出。

- 「修整受觀察的模型」一節說明如何整併深層的受觀察模型，以便減少比對及複製的延遲。

在 ng-repeat 的編譯階段最佳化應用程式

一種 AngularJS 應用程式極為常見的模式，是讓 ng-repeat 前導指令的實例吐出對應到枚舉集合的子前導指令清單。這個模式會明顯導致大規模的效能問題，尤其是當前導指令變得更複雜時。其中一種能夠遏止前導指令膨脹的極佳辦法是：透過遷移至編譯階段來消除任何的冗餘處理。

準備工作

假設應用程式包含了以下的偽設定，此為下一小節所需的程式碼：

```
(index.html)

<div ng-repeat="element in largeCollection">
  <span my-directive></span>
</div>

(app.js)

angular.module('myApp', [])
.directive('myDirective', function() {
  return {
    link: function(scope, el, attrs) {
      // 通用的前導指令邏輯及初始化
      // 特定實例的邏輯及初始化
    }
  };
});
```

開始進行

聰明的開發者會注意到，前導指令的link函數會針對重複器內的每個前導指令執行一次，然而為每個實例進行相同的動作完全是浪費時間。

由於編譯階段會一次性處理ng-repeat前導指令內的所有前導指令，因此可以很合理的在該階段執行所有的通用邏輯及初始化，並且可以共用link函數的回傳結果。做法如下：

```
(app.js)

angular.module('myApp', [])
.directive('myDirective', function() {
  return {
    compile: function(el, attrs) {
      // 通用的前導指令邏輯及初始化
      return function link(scope, el, attrs) {
        // 特定實例的邏輯及初始化
        // link 函數閉包能夠存取編譯變數
      };
    }
  };
});
```

249

提示

JSFiddle: http://jsfiddle.net/msfrisbie/mopuxn8h/

這是如何運作的？

ng-repeat 前導指令將針對它所建立的所有前導指令實例隱性重用相同的 compile 函數，因此，link 函數內部任何冗餘的處理都應該儘可能轉移到 compile 函數中。

還有更多

這個方法並不會修復所有的 ng-repeat 效能問題，因為高延遲性是源自於許多有關於大量資料處理的共同問題。然而，有效地善用編譯階段通常是最容易被忽略的一項策略，只要藉由相對簡單的重構，就有機會達到大幅的效能提升。

此外，即使此舉將每個 ng-repeat 濃縮到單一的編譯階段，但樣板中的每個前導指令實例都會執行一次編譯邏輯。如果真的想要讓該邏輯在整個應用程式中只執行一次，請善加利用服務類型即是單件的特點，遷移前述邏輯至服務類型中。

延伸閱讀

- 「認識 AngularJS 地雷」一節展示常見的效能低落情境。
- 「有效地部署與管理 $watch 類型」一節說明如何有效地避免觀察器的臃腫化。
- 「在 ng-repeat 內使用 track by 最佳化應用程式」一節展示如何設定應用程式來防止重複器內部不必要的產出。
- 「修整受觀察的模型」一節說明如何整併深層的受觀察模型，以便減少比對及複製的延遲。

在 ng-repeat 內使用 track by 最佳化應用程式

在預設情況下，ng-repeat 會為集合中的每個項目建立一個 DOM 節點，並於移除該項目時銷毀 DOM 節點。通常這對應用程式效能而言並非最理想的狀況，因為在重複器中很少會需要絡繹不絕地重新產生大型集合，如此進行也會大幅拖累應用程式的效能。解決方案則是利用 track by 運算式，它可讓我們定義 AngularJS 應如何將 DOM 節點與集合中的元素關聯在一起。

開始進行

將 track by $index 增添到重複運算式之後，AngularJS 將重複使用既有的 DOM 節點，而不是重新產出。

原本較不理想的版本如下：

```
<div ng-repeat="element in largeCollection">
  <!-- 元素的重複器內容  -->
</div>
```

最佳化的版本如下：

```
<div ng-repeat="element in largeCollection track by $index">
  <!-- 元素的重複器內容 -->
</div>
```

 提示

JSFiddle: http://jsfiddle.net/msfrisbie/0dbj5rgt/

這是如何運作的？

在預設情況下，ng-repeat 是透過 DOM 節點的參照來關聯每個集合元素。track by 運算式可讓我們自訂關聯所參照的內容，而不是固定為集合元素本身。如果該元素是帶有唯一 ID 的物件，就會被直接採用；否則每個重複元素都會在範圍內加上 $index，來作為該元素在重複器內的唯一識別。如此一來，重複器便不會銷毀 DOM 節點，除非索引有所改變。

延伸閱讀

- 「認識 AngularJS 地雷」一節展示常見的效能低落情境。

- 「檢查應用程式的觀察器」一節示範如何查驗應用程式的內部，以便找尋觀察器的集中處。

- 「有效地部署與管理 $watch 類型」一節說明如何有效地避免觀察器的臃腫化。

- 「在 ng-repeat 的編譯階段最佳化應用程式」一節示範如何減少重複器內部的冗餘處理。

- 「修整受觀察的模型」一節說明如何整併深層的受觀察模型，以便減少比對及複製的延遲。

修整受觀察的模型

打算調整應用程式以取得更佳的效能時，等式觀察器可能會是一頭善變的野獸。因此應盡量避免使用，除非需要深入觀察大型物件的集合，才有其必要性。觀察大型物件的開銷是如此繁瑣，因此有些時候若能夠先將物件提取到子集合中再進行比較，那麼便能夠帶來效能提升。

開始進行

底下是最基本的等式觀察器方法：

```
$scope.$watch('bigObjectArray', function() {
  // 觀察回呼
}, true);
```

與其觀察整個物件，不如呼叫大型物件集合的 map() 方法，藉以取出真正需要觀察的物件元件。做法如下：

```
$scope.$watch(
  // 返回受觀察物件的函數
  function($scope) {
    // 映射陣列，以便提取相關的屬性
    // 其回傳值便是想要比對的對象
    return $scope.bigObjectArray.map(function(bigObject) {
      // 只返回想要的屬性
      return bigObject.relevantProperty;
    });
  },
  function(newVal, oldVal, scope) {
    // 觀察回呼
  },
  // 等式比較器
  true
);
```

 提示

JSFiddle: http://jsfiddle.net/msfrisbie/p45jb4dh/

這是如何運作的？

可以傳入任何東西給 $watch 運算式，以便和舊值比對；它不一定得是 AngularJS 的字串運算式。外部的函數會進行求值然後取得回傳值，來作為比對用途。在每個周期中，骯髒檢查機制會映射陣列、和舊值比較，然後記錄新值。

還有更多

如果複製及比較整個物件陣列的時間，遠大於呼叫陣列的 map() 加上比較子集合的時間，那麼以前述方式使用觀察器將提升大幅效能。

延伸閱讀

■ 「認識 AngularJS 地雷」一節展示常見的效能低落情境。

■ 「有效地部署與管理 $watch 類型」一節說明如何有效地避免觀察器的臃腫化。

■ 「在 ng-repeat 的編譯階段最佳化應用程式」一節示範如何減少重複器內部的冗餘處理。

■ 「在 ng-repeat 內使用 track by 最佳化應用程式」一節展示如何設定應用程式來防止重複器內部不必要的產出。

第 8 章

承諾

本章涵蓋以下內容：

- 了解與實作基本的承諾

- 串接承諾與承諾處理器

- 實作承諾通知

- 以 $q.all() 實作承諾屏障

- 以 $q.when() 建立承諾封裝器

- 以 $http 使用承諾

- 以 $resource 使用承諾

- 以 Restangular 使用承諾

- 加入承諾至原生的路由解析

- 實作巢狀的 ui-router 解析

簡介

AngularJS 的承諾（promise）是一種既古怪又迷人的框架元件，它們是許多核心元件中所不可或缺的部份，然而在許多參考資料中都只是簡單提及而已。它們提供了一種十分穩健且更進階的應用程式控制機制，當應用程式的複雜性開始擴大時，AngularJS 的開發者便會難以忽視承諾。不過，這是件好事；承諾的功能非常強大，一旦充分了解後，就能讓我們的生活變得更簡單。

注意

隨著即將到來的 ES6（ECMAScript 6）承諾實作，AngularJS 的承諾很快就會進行大量的修改。目前 AngularJS 的承諾實作算是混合式的，並主要是基於 CommonJS 的提案。當 ES6 變得更加普及後，AngularJS 承諾將會與原生的 ES6 承諾進行整合。

了解與實作基本的承諾

承諾絕對是 AngularJS 的重要組成部分。在第一次學習承諾時，這個術語或許有礙於完整的理解，因為其字面上的定義難以表達出承諾元件的確切行為。

開始進行

一種實作承諾的最簡單方式如下：

```
// 透過 $q API 建立延遲物件
var deferred = $q.defer();

// 所建立的延遲物件會附加一個承諾
var promise = deferred.promise;

// 一旦承諾的狀態明確時，便定義處理器來執行
promise.then(function success(data) {
  // deferred.resolve() 處理器
  // 在本實作中，data === 'resolved'
}, function error(data) {
  // deferred.reject() 處理器
  // 在本實作中，data === 'rejected'
});

// 可以在任何地方呼叫此函數來解析承諾
function asyncResolve() {
  deferred.resolve('resolved');
};

// 可以在任何地方呼叫此函數來拒絕承諾
function asyncReject() {
  deferred.reject('rejected');
};
```

第一次看到承諾會難以理解其意義,因為這裡的許多事物並不是那麼直觀。

這是如何運作的?

若能夠更加了解當中的術語,也就能更容易解譯承諾的生態系統,以及它所打算解決的問題。

承諾並非AngularJS或JavaScript的新概念;$q的部分靈感是來自於Kris Kowal的Q程式庫,此外,jQuery長久以來已將重要的承諾概念納入其自身的許多功能。

JavaScript的承諾能夠讓開發更容易地兼顧非同步程式碼與同步程式碼。先前JavaScript的一種做法是透過巢狀回呼,又稱為「巢狀地獄」。一個單一回呼導向的函數內容如下所示:

```javascript
// 一個典型的非同步回呼函數
function asyncFunction(data, successCallback, errorCallback) {
  // 執行的作業可能會成功、失敗,甚至沒有回傳值,
  // 並且所花費的時間都是未知的

  // 這個偽回應包含一個成功的布林值以及成功的返回資料
  var response = asyncOperation(data);

  if (response.success === true) {
    successCallback(response.data);
  } else {
    errorCallback();
  }
};
```

如果應用程式並不要求循序或集體式的完成,那麼下列內容應已足夠:

```javascript
function successCallback(data) {
  // asyncFunction 成功,適當地處理資料
};
function errorCallback() {
  // asyncFunction 失敗,適當地處理
};

asyncFunction(data1, successCallback, errorCallback);
asyncFunction(data2, successCallback, errorCallback);
asyncFunction(data3, successCallback, errorCallback);
```

以上情況幾乎不會發生，因為應用程式通常會要求依序取回資料，或者是非同步請求若干資料片段的作業，應該只能在成功擷取所有的片段後才執行。在這種情況下，如果沒有利用承諾，那麼便會出現回呼地獄，如下所示：

```
asyncFunction(data1, function(foo) {
  asyncFunction(data2, function(bar) {
    asyncFunction(data3, function(baz){
      // foo、bar、baz 可以被一併使用
      combinatoricFunction(foo, bar, baz);
    }, errorCallback);
  }, errorCallback);
}, errorCallback);
```

這個所謂的回呼地獄不過是嘗試序列化三個非同步呼叫，但是非同步函數參數化的拓樸會迫使應用程式受限於此醜陋的架構。此刻唯有等待承諾來救援！

 注意

從這裡開始，我們將針對AngularJS的承諾實作來做說明，而非承諾API的概念性說明。兩者之間雖有大量的重疊，但為了更有利於開發者，本節的討論將傾向於實作而非理論。

承諾的基本元件及行為

由 $q服務所提供的AngularJS承諾架構可分解成兩部分：延遲與承諾。

延遲

延遲是一種介面，應用程式能透過它來設定或修改承諾的狀態。

在預設情況下，一個AngularJS延遲物件只會貼附一個承諾，並能夠藉由promise屬性來存取，如下所示：

```
var deferred = $q.defer()
  , promise = deferred.promise;
```

如同單一承諾可以讓多個處理器繫結至單一狀態一般，單一延遲也能夠在應用程式的多個地方被解析或拒絕，如下所示：

```
var deferred = $q.defer()
  , promise = deferred.promise;

// 底下是偽方法，每一個都能夠被獨立或非同步呼叫，甚至是不呼叫
function canHappenFirst() { deferred.resolve(); }
function mayHappenFirst() { deferred.resolve(); }
function mightHappenFirst() { deferred.reject(); }
```

一旦應用程式的某處將延遲狀態設為 resolved（已解析）或 rejected（已拒絕），當進一步試著拒絕或解析該物件時，都會被忽略。承諾狀態的轉換只會發生一次，無法修改或扭轉，如下列程式碼所示：

```
var deferred = $q.defer()
  , promise = deferred.promise;

// 定義承諾的處理器，以便檢視其執行
promise.then(function resolved() {
  $log.log('success');
}, function rejected() {
  $log.log('rejected');
});

// 驗證初始狀態
$log.log(promise.$$state.status); // 0

// 解析承諾
deferred.resolve();
// >> "resolved"

$log.log(promise.$$state.status); // 1
// 檢查狀態的輸出以確認有狀態轉換

// 嘗試拒絕已解析的承諾
deferred.reject();

$log.log(promise.$$state.status); // 1
// 檢查狀態的輸出以確認無狀態轉換
```

 提示

JSFiddle: http://jsfiddle.net/msfrisbie/e4saopyr/

承諾

承諾代表一種未知的狀態，它在未來的某個時間點可能會轉換成已知的狀態。

承諾具有三種狀態，AngularJS 是以整數來呈現承諾的狀態值：

- 0：待定狀態，代表著等待進一步求值的未實現承諾。此為初始狀態，範例如下：

```
var deferred = $q.defer()
  , promise = deferred.promise;

$log.log(promise.$$state.status); // 0
```

- 1：已解析狀態，代表成功及覆行的承諾。轉換到此狀態後就無法再經改變或扭轉，範例如下：

```
var deferred = $q.defer()
  , promise = deferred.promise;

$log.log(promise.$$state.status); // 0

deferred.resolve('resolved');

$log.log(promise.$$state.status); // 1
$log.log(promise.$$state.value); // "resolved"
```

- 2：已拒絕狀態，代表不成功或因錯誤而造成回絕的承諾。轉換到此狀態後也無法再經改變或扭轉，範例如下：

```
var deferred = $q.defer()
  , promise = deferred.promise;

$log.log(promise.$$state.status); // 0

deferred.reject('rejected');

$log.log(promise.$$state.status); // 2
$log.log(promise.$$state.value); // "rejected"
```

狀態並不一定會關聯到資料值 —— 它們只是賦予承諾一個求值狀態。請參看下列的程式碼：

```
var deferred = $q.defer()
  , promise = deferred.promise;

promise.then(successHandler, failureHandler);
```

```
// 可利用下列任一敘述來定義狀態
// deferred.resolve();
// deferred.reject();
// deferred.resolve(myData);
// deferred.reject(myData);
```

經求值的承諾（已解析或已拒絕）已將各式狀態關聯到一個處理器，並且會在承諾轉換至這些狀態時呼叫。這些處理器能夠存取由解析或拒絕所回傳的資料，如下所示：

```
var deferred = $q.defer()
  , promise = deferred.promise;

// $log.info 是解析處理器
// $log.error 是拒絕處理器
promise.then($log.info, $log.error);

deferred.resolve(123);
// (info) 123

// 重置以展示 reject()
deferred = $q.defer();
promise = deferred.promise;

promise.then($log.log, $log.error);

deferred.reject(123);
// (error) 123
```

 提示

JSFiddle: http://jsfiddle.net/msfrisbie/rz2s9uaq/

不同於回呼，處理器可於承諾生命周期中的任何一處被定義，包括在定義了承諾的狀態之後，如下所示：

```
var deferred = $q.defer()
  , promise = deferred.promise;

// 立即解析承諾
deferred.resolve(123);

// 隨後便定義處理器，它會被立即呼叫，因為承諾已經被解析了
promise.then($log.log);
// 123
```

如同單一延遲能夠在應用程式的多個地方被解析或拒絕一般，單一承諾也能夠讓多個處理器繫結至單一狀態。舉例來說，當狀態是已解析時，一個帶有許多解析處理器的承諾便會呼叫所有這些處理器；同理，對於拒絕處理器而言也是如此，如下所示：

```
var deferred = $q.defer()
  , promise = deferred.promise
  , cb = function() { $log.log('called'); };

promise.then(cb);
promise.then(cb);

deferred.resolve();
// called
// called
```

提示

加上 $$ 前置字元的變數、物件屬性或方法，都是私有範疇。它們十分適用於檢查及偵錯目的，但若無很好的理由，它們便不應在正式版本的應用程式內進行變更。

延伸閱讀

■「串接承諾與承諾處理器」一節提供有關承諾的組合策略，以便建立進階的應用程式流程。

■「實作承諾通知」一節說明當需要長時間來解析承諾時，如何利用通知進行居中通訊。

■「以 $q.all() 實作承諾屏障」一節展示如何結合多個承諾為單一、全有或全無的承諾。

■「以 $q.when() 建立承諾封裝器」一節示範如何正規化 JavaScript 物件為承諾。

串接承諾與承諾處理器

承諾的主要目的是讓開發者達成序列化並推導獨立的非同步作業，而這可透過 AngularJS 的承諾鏈來達成。

準備工作

假設本節的所有範例都已透過下列方式設置：

```
var deferred = $q.defer()
  , promise = deferred.promise;
```

此外，假設 $q 以及其他 AngularJS 的內建服務也已注入至目前的語句範圍：

開始進行

承諾處理器定義的方法 then() 會返回另一個承諾，它可以再定義自己的處理器來形成
處理器鏈，如下所示：

```
var successHandler = function() { $log.log('called'); };

promise
  .then(successHandler)
  .then(successHandler)
  .then(successHandler);

deferred.resolve();
// called
// called
// called
```

處理器鏈的資料移交

串接的處理器能夠傳送資料給後續的處理器，如下所示：

```
var successHandler = function(val) {
  $log.log(val);
  return val+1;
};

promise
  .then(successHandler)
  .then(successHandler)
  .then(successHandler);

deferred.resolve(0);
// 0
// 1
// 2
```

提示

JSFiddle: http://jsfiddle.net/msfrisbie/n03ncuby/

拒絕處理器鏈

在預設情況下，當承諾處理器正常返回時，會指示子承諾的狀態變更為已解析。如果想要指示子承諾變為拒絕，便可透過回傳 $q.reject() 來達成，做法如下：

```
promise
.then(function () {
  // 初始的承諾解析處理器指示子承諾變為拒絕
  return $q.reject(123);
})
.then(
  // 子承諾的解析處理器
  function(data) {
    $log.log("resolved", data);
  },
  // 子承諾的拒絕處理器
  function(data) {
    $log.log("rejected", data);
  }
);

deferred.resolve();
// "rejected", 123
```

提示

JSFiddle: http://jsfiddle.net/msfrisbie/h5au7j2f/

這是如何運作的？

抵達最終狀態的承諾將依序觸發子承諾。這個簡單卻強大的概念可讓我們建置廣泛且容錯的承諾結構，以便優雅地組織那些彼此相關的非同步作業。

還有更多

AngularJS 承諾的拓樸結構也適合一些有趣的使用模式，如後文所示。

承諾處理器樹

承諾處理器會依照定義承諾的順序執行。如果承諾已將多個處理器繫結至單一狀態，那麼在解析後續的串接承諾前，該狀態會先執行所有的處理器，如下所示：

```
var incr = function(val) {
  $log.log(val);
  return val+1;
}

// 定義頂層的承諾處理器
promise.then(incr);
// 為第一個承諾附加另一個處理器，然後收集 secondPromise 所返回的承諾
var secondPromise = promise.then(incr);
// 為第二個承諾附加另一個處理器，然後收集 thirdPromise 所返回的承諾
var thirdPromise = secondPromise.then(incr);

// 此時 deferred.resolve() 將：
// 解析 promise；執行 promise 的處理器
// 解析 secondPromise；執行 secondPromises 的處理器
// 解析 thirdPromise；尚未定義處理器

// 其他承諾處理器的定義順序並不重要；
// 當承諾依序擁有所定義的狀態時，它們便會被解析
secondPromise.then(incr);
promise.then(incr);
thirdPromise.then(incr);

// 目前定義的設定如下：
// promise -> secondPromise -> thirdPromise
// incr() incr() incr()
// incr() incr()
// incr()

deferred.resolve(0);
// 0
// 0
// 0
// 1
// 1
// 2
```

提示

JSFiddle: http://jsfiddle.net/msfrisbie/4msybmc9/

由於處理器的回傳值會決定承諾狀態是否為已解析或已拒絕，因此任何關聯至承諾的處理器都能夠設定狀態——請記得，它們只能被設定一次。在定義父承諾的狀態時，將會觸發子承諾處理器的執行。

如何從承諾鏈和處理器鏈的組合推導出承諾樹，現在應該十分明顯。如果使用得當，便能為棘手且醜陋的非同步作業序列提供相當優雅的解決方案。

catch() 方法

catch() 是 promise.then(null, errorCallback) 的簡寫，它能夠提供更為簡便的承諾定義，但除了作為語法糖外並無其他功能。使用方式如下：

```
promise
.then(function () {
  return $q.reject();
})
.catch(function(data) {
  $log.log("rejected");
});

deferred.resolve();
// "rejected"
```

提示

JSFiddle: http://jsfiddle.net/msfrisbie/rLg79m29/

finally() 方法

無論承諾是已拒絕還是已解析，finally() 方法都能夠被執行。當應用程式需要忽略承諾的最終狀態，並進行一些清理工作時，這個方法會十分方便。其使用方式如下：

```
var deferred1 = $q.defer();
  , promise1 = deferred1.promise
  , deferred2 = $q.defer()
  , promise2 = deferred2.promise
  , cb = $log.log("called");

promise1.finally(cb);
promise2.finally(cb);

deferred1.resolve();
// "called"
deferred2.reject();
// "called"
```

 提示

JSFiddle: http://jsfiddle.net/msfrisbie/owucqmea/

延伸閱讀

■ 「了解與實作基本的承諾」一節深入有關 AngularJS 承諾如何運作的細節。

■ 「實作承諾通知」一節說明當需要長時間來解析承諾時,如何利用通知進行居中通訊。

■ 「以 $q.all() 實作承諾屏障」一節展示如何結合多個承諾為單一、全有或全無的承諾。

■ 「以 $q.when() 建立承諾封裝器」一節示範如何正規化 JavaScript 物件為承諾。

實作承諾通知

AngularJS 也能夠實作承諾的通知,如此便能夠在承諾抵達最終狀態前,先提供一些資訊。當承諾有較長的延遲,或者需要取得更新進度(如:進度條)時,這種方法特別有用。

開始進行

promise.then() 方法可接收第三個引數:通知處理器,它能夠透過延遲物件進行無限次的存取,直到承諾狀態變為已解析,如下所示:

```
promise
.then(
  // 解析處理器
```

```
  function() {
    $log.log('success');
  },
  // 空的拒絕處理器
  null,
  // 通知處理器
  $log.log
);

function resolveWithProgressNotifications() {
  for (var i=0; i<=100; i+=20) {
    // 傳送資料給通知處理器
    deferred.notify(i);
    if (i>=100) { deferred.resolve() };
  };
}

resolveWithProgressNotifications();
// 0
// 20
// 40
// 60
// 80
// 100
// "success"
```

 提示

JSFiddle: http://jsfiddle.net/msfrisbie/5798q0ru/

這是如何運作的？

通知處理器可讓通知在承諾中建立佇列，然後在 $digest 周期結束時依序執行。底下則是另一個範例：

```
promise
.then(
  function() {
    $log.log('success');
  },
  null,
  $log.log
);
```

```
function asyncNotification() {
  deferred.notify('Hello, ');
  $log.log('world!');
  deferred.resolve();
};

// 這個函數由一些非 AngularJS 的實體所呼叫 asyncNotification();
// world!
// Hello,
// success
```

 提示

JSFiddle: http://jsfiddle.net/msfrisbie/cn4pLbcw/

控制台日誌所記錄的順序可能會讓人大吃一驚。由於通知經常是來自於未繫結到 AngularJS `$digest` 周期的事件，因此呼叫 `$scope.$apply()` 便會推動通知處理器的立即執行，如下所示：

```
promise
.then(
  function() {
    $log.log('success');
  },
  null,
  $log.log
);

function newAsyncNotification() {
  deferred.notify('Hello, ');
  $scope.$apply();
  $log.log('world!');
  deferred.resolve();
};

// 這個函數由一些非 AngularJS 的實體所呼叫
newAsyncNotification();
// Hello,
// world!
// success
```

提示

JSFiddle: http://jsfiddle.net/msfrisbie/0rpbu07z/

還有更多

如同本節稍早前的描述，儘管能夠利用延遲物件產生狀態轉換，但通知處理器無法以返回值來轉換承諾至最終狀態。

當承諾轉換至最終狀態後，便無法再執行通知，如下所示：

```
// 本例毋須解析或拒絕處理器
promise.then(null, null, $log.log);

deferred.notify('Hello, ');
deferred.resolve();
deferred.notify('world!');

// Hello,
```

以 $q.all() 實作承諾屏障

應用程式有可能會需要以全有或全無的情況來使用承諾。換句話說，必須對一組承諾進行集體性的求值，只有解析其內所有的承諾時，該集合才會被視為已解析的單一承諾；反之，倘若其中一個被拒絕，便會回絕整體承諾。

開始進行

$q.all() 方法會接收一個承諾的枚舉集合，無論是承諾物件的陣列或者是帶有若干承諾屬性的單一物件，接著便嘗試將這些承諾聚合起來進行解析。聚合解析處理器的參數可以是陣列或物件，內含相符的承諾解析值，如下所示：

```
var deferred1 = $q.defer()
  , promise1 = deferred1.promise
  , deferred2 = $q.defer()
  , promise2 = deferred2.promise;
```

```
$q.all([promise1, promise2]).then($log.log);

deferred1.resolve(456);
deferred2.resolve(123);
// [456, 123]
```

 提示

JSFiddle: http://jsfiddle.net/msfrisbie/L8Lxf1ho/

如果回絕集合中的任一承諾，便是拒絕整個聚合承諾。聚合拒絕處理器的參數會是拒絕
承諾的回傳值，如下所示：

```
var deferred1 = $q.defer()
  , promise1 = deferred1.promise
  , deferred2 = $q.defer()
  , promise2 = deferred2.promise;

$q.all([promise1, promise2]).then($log.log, $log.error);

// 解析集合承諾，無處理器執行
deferred1.resolve(456);

// 拒絕集合承諾，拒絕處理器會執行 deferred2.reject(123)
deferred2.reject(123);
// (error) 123
```

 提示

JSFiddle: http://jsfiddle.net/msfrisbie/0mjbn62L/

這是如何運作的？

如同前文所展示的，只有當解析所有內含的承諾，或者拒絕了其中一個承諾時，聚合承
諾才會抵達最終狀態。倘若集合中的承諾不需要推斷彼此之間的關係，而集體完成才是
該群組的唯一成功指標時，這類型的承諾會特別有用。

在拒絕的情況下，聚合承諾不會等待其餘的承諾完成，但也不會阻止它們抵達最終狀
態。只要拒絕了第一個承諾，就能傳送拒絕的資料給聚合承諾的拒絕處理器。

$q.all() 方法在許多方面都非常類似於作業系統層級的處理程序同步屏障。處理程序屏障是執行緒指令執行的共同點，代表一組處理程序將在不同的時間點各自完成，但直到所有程序都抵達該點後才會往下進行。同理，$q.all() 不會往下繼續，除非已解析了所有的內含承諾（抵達屏障），或者存在一個被拒絕的承諾阻礙了最終狀態的完成，而這類情況接著便會交由容錯移轉處理器邏輯來接管。

由於 $q.all() 能夠對承諾進行重組，並且讓應用程式的承諾鏈變成是一種**有向無環圖**（Directed Acyclic Graph，**DAG**）。下圖便是一種範例，呈現出先發散再收斂的承諾進度圖。

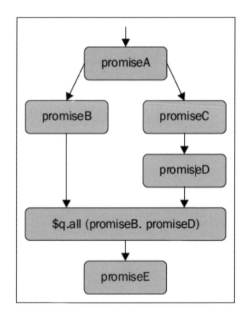

這類的複雜程度相當罕見，但萬一應用程式有需要時還是能夠加以利用。

- 「了解與實作基本的承諾」一節深入有關 AngularJS 承諾如何運作的細節。

- 「串接承諾與承諾處理器」一節提供有關承諾的組合策略,以便建立進階的應用程式流程。

- 「以 $q.when() 建立承諾封裝器」一節示範如何正規化 JavaScript 物件為承諾。

以 $q.when() 建立承諾封裝器

AngularJS 包含了 $q.when() 方法,可將 JavaScript 物件正規化為承諾物件。

$q.when() 方法可接收承諾或非承諾的物件,如下所示:

```
var deferred = $q.defer()
  , promise = deferred.promise;

$q.when(123);
$q.when(promise);
// 二者皆會建立新的承諾物件
```

如果傳入非承諾物件給 $q.when(),其作用就好比是建立一個立即解析的承諾物件,
如下所示:

```
var newPromise = $q.when(123);

// 原本承諾會等待 $digest 周期來更新 $$state.status,
// 但這裡會強制進行更新以供檢查
$scope.$apply();

// 檢查狀態是否為已解析
$log.log(newPromise.$$state.status);
// 1

// 由於是已解析,處理器將立即執行
newPromise.then($log.log);
// 123
```

提示

JSFiddle: http://jsfiddle.net/msfrisbie/ftgydnqn/

這是如何運作的？

$q.when() 方法會以新承諾來封裝任何傳入的內容。如果是傳入承諾物件，則新承諾將維持原先的狀態。反之，倘若是傳入非承諾的值，那麼新承諾會被解析，然後傳送原值給解析處理器。

 注意

請記住，由於 $q.reject() 方法是返回一個拒絕的承諾，因此 $q.when($q.reject()) 只是簡單地封裝了一個已被拒絕的承諾。

還有更多

在傳入承諾時，由於 $q.when() 將返回完全相同的承諾，因此這個方法便是有效等冪。然而，承諾引數以及所回傳的承諾則是不同的承諾物件，如下所示：

```
$log.log($q.when(promise)===promise);
// false
```

延伸閱讀

- 「了解與實作基本的承諾」一節深入有關 AngularJS 承諾如何運作的細節。
- 「串接承諾與承諾處理器」一節提供有關承諾的組合策略，以便建立進階的應用程式流程。
- 「實作承諾通知」一節說明當需要長時間來解析承諾時，如何利用通知進行居中通訊。
- 「以 $q.all() 實作承諾屏障」一節展示如何結合多個承諾為單一、全有或全無的承諾。

以 $http 使用承諾

HTTP 請求可說是最典型的變動延遲作業，因此會依賴於承諾結構的使用。在可預見的未來，既然看似開發者無法擺脫來自 TCP/IP 的不確定性，那麼應用程式的設計便應當要能夠加以應對。

開始進行

$http服務方法能夠透過額外的方法success()與error()來回傳AngularJS承諾。
這些方法會返回由$http服務所回傳的相同承諾；.then()則相反，它會返回新的承
諾。這能夠讓我們將方法串接為$http().success().then()，並讓.success()
及.then()承諾能夠同時解析。

下列的兩種實作方式是幾乎一樣的，因為一切皆是串接在$http承諾之上：

```
// 實作 #1
// $http.get() 會返回承諾
$http.get('/myUrl')
// .success() 是解析處理器的別名
.success(function(data, status, headers, config, statusText) {
  // 解析處理器
})
// .error() 是拒絕處理器的別名
.error(function(data, status, headers, config, statusText) {
  // 拒絕處理器
});

// 實作 #2
$http.get('/myUrl')
.then(
  // 解析處理器
  function(response) {
    // response 物件具有下列屬性：
    // data, status, headers, config, statusText
  },
  // 拒絕處理器
  function(response) {
    // response 物件具有下列屬性：
    // data, status, headers, config, statusText
  }
);
```

不過，底下的兩個實作方式則不盡相似：

```
// 實作 #3
// $http.get() 會返回承諾
$http.get('/myUrl')
// .success() 是解析處理器的別名
```

```
.success(function(data, status, headers, config, statusText) {
  // 解析處理器
})
// .error() 是拒絕處理器的別名
.error(function(data, status, headers, config, statusText) {
  // 拒絕處理器
})
.then( ... );

// 實作 #4
$http.get('/myUrl')
.then(
  // 解析處理器
  function(response) {
    // response 物件具有下列屬性:
    // data, status, headers, config, statusText
  },
  // 拒絕處理器
  function(response) {
    // response 物件具有下列屬性:
    // data, status, headers, config, statusText
  }
)
.then( ... );
```

底下範例會解釋其間的差異:

```
// 切分成幾個變數,以便檢查回傳的承諾
var a = $http.get('/')
  , b = a.success(function() {})
  , c = b.error(function() {})
  , d = c.then(function() {});

$log.log(a===b, a===c, a===d, b===c, b===d, c===d);
// true true false true false false

var e = $http.get('/')
  , f = e.then(function() {})
  , g = e.then(function() {});

$log.log(e===f, e===g, f===g);
// false false false
```

提示

JSFiddle: http://jsfiddle.net/msfrisbie/sh60bhc8/

因本例之故，`$http.get()`請求只會存取來自相同網域（提供該頁面）的路由。請記住，若於本例的上下文中使用一個外部來源的URL，將引起有關於**跨來源資源共享**（Cross-origin resource sharing，**CORS**）的錯誤，除非適當地修改請求標頭來允許CORS請求。

這是如何運作的？

HTTP請求的成功或錯誤是由回應的狀態碼來決定，如下所示：

- 介於200和209之間的代碼會註冊為成功請求，接著便執行解析處理器。
- 介於300和309之間的代碼即表示重新導向，而`XMLHttpRequest`會依循重新導向，以便取得具體的狀態碼。
- 介於400和409之間的代碼會註冊為錯誤，然後便執行拒絕處理器。

延伸閱讀

- 「以`$resource`使用承諾」一節探討如何利用ngRoute作為以承諾為中心的資源管理器。
- 「以Restangular使用承諾」一節展示如何廣泛地整合流行的第三方資源管理器與AngularJS的承諾慣例。

以 $resource 使用承諾

作為ngResource模組的組成部分，`$resource`提供了一種服務，能夠以RESTful資源來管理連線。就目前而言，這在某些方面是最為接近正式資料物件模型基礎架構的一種方式。`$resource`工具可高度擴充，並且是一套能夠賴以建立應用程式的獨立工具，尤其是當諸如Restangular這類的第三方程式庫不符合我們的喜好時。

作為以API為中心的`$http`封裝器，`$resource`也提供了一種介面來操作承諾以及所產生的HTTP請求。

開始進行

雖然封裝了 `$http`，但 `$resource` 的預設實作其實並沒有使用承諾。可利用 `$promise` 屬性來存取 HTTP 請求的承諾物件，如下所示：

```
// 建立資源物件，取得 get() 與 post() 等等
var Widget = $resource('/widgets/:widgetId', {widgetId: '@id'});

// 引導資源物件返回承諾
// 可透過 $promise 屬性來進行
Widget.get({id: 8})
.$promise
.then(function(widget) {
  // widget 是 id=8 的回傳物件
});
```

 提示

JSFiddle: http://jsfiddle.net/msfrisbie/upzh1f97/

這是如何運作的？

`$resource` 的第二個和第三個引數會接受成功與失敗的函數回呼，當開發者期望的是回呼驅動式的請求模式而非承諾時，就可利用這種方法。由於它有使用到 `$http`，因此承諾仍然是整合在其中，並可供開發者運用。

延伸閱讀

■ 「以 `$http` 使用承諾」一節示範 AngularJS 的承諾如何與 AJAX 請求整合。

■ 「以 Restangular 使用承諾」一節展示如何廣泛地整合流行的第三方資源管理器與 AngularJS 的承諾慣例。

以 Restangular 使用承諾

Restangular 是一套十分流行的 REST API 擴充套件。和 `$resource` 相較之下，它是採用更加以承諾為中心的方法。

開始進行

Restangular REST API的映射都會返回承諾，如下所示：

```
(app.js)

angular.module('myApp', ['restangular'])
.controller('Ctrl', function($scope, Restangular) {
  Restangular
  .one('widget', 4)
  // get() 會返回 GET 請求的承諾
  .get()
  .then(
    function(data) {
      // 成功處理器取用回應資料
      $scope.status = 'One widget success!';
    },
    function(response) {
      // 錯誤處理器取用回應訊息
      $scope.status = 'One widget failure!';
    }
  );

  // 通常，API 映射會存放於變數中，並依需要呼叫返回承諾的方法
  var widgets = Restangular.all('widgets');

  // 建立請求承諾
  widgets.getList()
  .then(function(widgets) {
    // 成功處理器
    $scope.status = 'Many widgets success!';
  }, function() {
    // 錯誤處理器
    $scope.status = 'Many widgets failure!';
  });
});
```

 提示

JSFiddle: http://jsfiddle.net/msfrisbie/5ud5210n/

由於 Restangular 物件不會建立承諾，直到呼叫請求方法，所以有可能在產生請求承諾之前先串接 Restangular 路由方法，以便比對巢狀的 URL 結構。做法如下所示：

```
// 發出 /widgets/6/features/11 的 GET 請求
Restangular
.one('widgets', 6)
.one('features', 11)
.get()
.then(function(feature) {
  // 成功處理器
});
```

提示

JSFiddle: http://jsfiddle.net/msfrisbie/8qrkkyyv/

這是如何運作的？

每個 Restangular 物件方法都能夠被串接，以便開發巢狀的 URL 物件，而每個透過 Restangular 到遠端 API 的請求都會返回一個承諾。結合具彈性且可擴充的資源 CRUD 方法後，就能夠建立出強大的工具集來與 REST API 進行通訊。

延伸閱讀

- ■ 「以 $http 使用承諾」一節示範 AngularJS 的承諾如何與 AJAX 請求整合。
- ■ 「以 $resource 使用承諾」一節探討如何利用 ngRoute 作為以承諾為中心的資源管理器。

加入承諾至原生的路由解析

AngularJS 路由支援解析功能，它可讓我們要求一些工作在真正的路由異動程序開始前就得完成。路由解析可接受一或多個函數，以便返回值，或者是返回準備要解析的承諾物件。

開始進行

解析宣告於路由定義中，如下所示：

```
(app.js)

angular.module('myApp', ['ngRoute'])
.config(function($routeProvider){
  $routeProvider
  .when('/myUrl', {
    template: '<h1>Resolved!</h1>',
    // 解析值由屬性名稱注入
    controller: function($log, myPromise, myData) {
      $log.log(myPromise, myData);
    },
    resolve: {
      // $q 注入解析函數
      myPromise: function($q) {
        var deferred = $q.defer()
          , promise = deferred.promise;
        deferred.resolve(123);
        return promise;
      },
      myData: function() {
        return 456;
      }
    }
  });
})
.controller('Ctrl', function($scope, $location) {
  $scope.navigate = function() {
    $location.url('myUrl')
  };
});

(index.html)

<div ng-app="myApp">
  <div ng-controller="Ctrl">
    <button ng-click="navigate()">Navigate!</button>
    <div ng-view></div>
  <div>
</div>
```

設定完成後，前往 /myUrl 將會紀錄下 123、456，並且產出樣板。

 提示

JSFiddle: http://jsfiddle.net/msfrisbie/z0fymttz/

這是如何運作的？

路由解析背後的承諾是：這些承諾會收集資料，或者在改變路由和建立控制器之前執行所需的任務。解析後的承諾會指示路由已能夠放心地產出該頁面。

提供給路由解析的物件會對其內的函數進行求值，因而使注入物可用於路由控制器中

還有一些關於路由解析的重要細節請牢記在心，列出如下：

■ 返回原始值的路由解析函數並不保證能夠執行，直到它們被注入。而回傳承諾的函數則保證能夠在修改路由及初始化控制器之前，解析或拒絕那些承諾。

■ 路由解析只能注入由路由所定義的控制器，樣板中透過 ng-controller 命名的控制器無法被注入路由解析相依性。

■ 具備指定的路由控制器但無指定樣板的路由，將永遠不會初始化路由控制器，不過仍能夠執行路由解析函數。

■ 在繼續前往下一個 URL 之前，路由解析將等待所有的承諾被解析，或者是其中一個承諾被拒絕。

還有更多

很顯然地，承諾並不保證會經歷到最終的狀態轉換，AngularJS 路由器會積極地等待承諾被解析，或是被拒絕。因此，如果始終沒有解析某個承諾，則路由異動永遠不會發生，應用程式也會就此停滯。

延伸閱讀

■ 「實作巢狀的 ui-router 解析」一節提供基本與進階的策略細節，以便整合承諾至巢狀可見區域及其相關資源。

實作巢狀的 ui-router 解析

當 AngularJS 的開發者擁有了更多經驗後，應該會意識到其內建的路由功能在許多方面都相當脆弱 —— 例如它們只能作為動態路由樣板的單一 ng-view 實例。但 AngularUI 也提供了一個極佳的解決方案，也就是 ui-router，它可提供巢狀的狀態及可見區域、具名的可見區域、分段路由，以及巢狀解析。

開始進行

ui-router框架支援狀態解析的方式和ngRoute相同。假設應用程式呈現了個別的小工具頁面,其內陳列小工具的各個功能,而這些功能又有各自的頁面。

狀態承諾的繼承

由於能以相對的狀態路由來定義巢狀狀態,所以可能會遭遇如此情境:URL參數僅適用於它們所定義的狀態。應用程式的子狀態需要使用子狀態控制器內的widgetId與featureId值。而這可透過巢狀路由承諾來解決,如下所示:

```
(app.js)

angular.module('myApp', ['ui.router'])
.config(function($stateProvider) {
  $stateProvider
  .state('widget', {
    url: '/widgets/:widgetId',
    template: 'Widget ID: {{ widgetId }} <div ui-view></div>',
    controller: function($scope, $stateParams, widgetId){
      // widgetId 僅適用此狀態,
      // 因為 :widgetId 變數定義是位於此狀態的 URL
      $scope.widgetId = $stateParams.widgetId;
    },
    resolve:{
      // 以另一屬性來封裝 stateParam 小工具屬性,以便注入至子狀態
      widgetId: function($stateParams){
        return $stateParams.widgetId;
      }
    }
  })
  .state('widget.feature', {
    url: '/features/:featureId',
    template: 'Feature ID: {{ featureId }}',
    // 現在能從父狀態注入 widgetId
    controller: function($scope, $stateParams, widgetId){
      // 狀態控制器現在可以使用 widgetId 與 featureId
      $scope.featureId = $stateParams.featureId;
      $scope.widgetId = widgetId;
    }
  });
});

(index.html)
```

```
<div ng-app="myApp">
  <a ui-sref="widget({widgetId:6})">
    See Widget 6
  </a>
  <a ui-sref="widget.feature({widgetId: 6, featureId:11})">
    See Feature 11 of Widget 6
  </a>
  <div ui-view></div>
</div>
```

提示

JSFiddle: http://jsfiddle.net/msfrisbie/0kpos1xt/

此處的子狀態能夠存取注入的 `widgetId` 值，方式是透過繼承自父狀態的解析。

單一狀態承諾的相依性

狀態的解析承諾能夠彼此依賴，以利我們方便地請求資料，而不用明確地定義其順序或相依性。做法如下：

```
(app.js)

angular.module('myApp', ['ui.router'])
.config(function($stateProvider) {
  $stateProvider
  .state('widget', {
    url: '/widgets',
    template: 'Widget: {{ widget }} Features: {{ features }}',
    controller: function($scope, widget, features){
      // 解析承諾在路由控制器中是可注入的
      $scope.widget = widget;
      $scope.features = features;
    },
    resolve: {
      // 承諾定義的標準解析值
      widget: function() {
        return {
          name: 'myWidget'
        };
      },
      // 解析承諾注入至同筆承諾
      features: function(widget) {
```

```
        return ['featureA', 'featureB'].map(function(feature) {
          return widget.name+':'+feature;
        });
      }
    }
  });
});


(index.html)

<div ng-app="myApp">
  <a ui-sref="widget({widgetId:6})">See Widget 6</a>
  <div ui-view></div>
</div>
```

設定完成、前往 /widgets 後，將印出下列結果：

```
Widget: {"name":"myWidget"}
Features: ["myWidget:featureA","myWidget:featureB"]
```

 提示

JSFiddle: http://jsfiddle.net/msfrisbie/ugsx6c1w/

這是如何運作的？

路由解析即代表在路由發生異動前所需完成的大量工作，而這些工作單位即是承諾，能夠在狀態路由結構中的任何地方注入相依性，此舉會帶來極大的彈性。由於路由異動只會發生在解析所有的承諾後，因此便能透過相依性注入的方式有效地串接路由中的承諾。

 提示

請留意路由內的承諾相依性因為這類的相依宣告有可能會產生循環依賴。

延伸閱讀

■ 「加入承諾至原生的路由解析」一節展示 AngularJS 路由如何加入承諾至路由的生命周期中。

第 9 章

AngularJS 1.3 的新功能

本章涵蓋以下內容：

- 使用 HTML5 的 datetime 輸入類型

- 以 $watchGroup 結合觀察器

- 以 ng-strict-di 進行健全性檢查

- 以 ngModelOptions 控制模型輸入

- 加入 $touched 與 $submitted 狀態

- 以 ngMessages 清理表單錯誤

- 以鬆散繫結來修整觀察名單

- 建立及整合自訂的表單驗證器

簡介

AngularJS 1.3 版加入了大量的新功能，其中包括加強表單的可用性與擴充性、最大化應用程式的效能，以及與現代瀏覽器技術的整合。下列內容並非 AngularJS 1.3 所有異動的詳盡清單，但會列舉出最受期待的新功能。

使用 HTML5 的 datetime 輸入類型

以往 AngularJS 會受限於使用過時的表單輸入欄位類型，而 AngularJS 1.3 版則加入了對於 HTML5 日期與時間類型的模型支援，不過在遇到舊版的瀏覽器時也會適度地降級。

開始進行

在 AngularJS 1.3 版，應用程式現在能夠繫結日期與時間的 HTML5 輸入類型，同時仍保有原生的資料格式。

<input type="date"> 類型

`<input type="date">` 資料輸入類型是繫結到 JavaScript 的 `Date` 物件，然後只從該物件擷取出日期，並忽略時間元件（不會進行任何修改）。例如，2014 年 10 月 31 日的字串值會是「`2014-10-31`」。

<input type="datetime-local"> 類型

`<input type="datetime-local">` 資料輸入類型同樣是繫結到 JavaScript 的 `Date` 物件，然後與時區關聯起來（預設為瀏覽器的時區）。例如，2014 年 10 月 31 日 10:30PM 的字串值為「`2014-10-31T20:30:00`」。

<input type="time"> 類型

`<input type="time">` 資料輸入類型繫結到 JavaScript 的 `Date` 物件，然後只從該物件擷取出時間。`Date` 物件的日期值始終會是 1970 年 1 月 1 日，也就是所謂的 Unix 時間。舉例來說，10:30PM 的字串值為「`20:30:00`」。

<input type="week"> 類型

`<input type="week">` 資料輸入類型繫結到 JavaScript 的 `Date` 物件，然後只從該物件擷取出周次。這是包含年份的星期欄位，例如，2014 年第 6 周的字串為值「`2014-W6`」。

<input type="month"> 類型

`<input type="month">` 資料輸入類型繫結到 JavaScript 的 `Date` 物件，然後只從該物件擷取出月份。這是包含年份的月份欄位，例如，2014 年第 6 個月的字串值為「`2014-06`」。

提示

JSFiddle: http://jsfiddle.net/msfrisbie/52b93whx/

這是如何運作的？

這些輸入類型都能夠處理 Date 物件，包括 ISO 8601 雙向轉換。

還有更多

如果瀏覽器不支援 HTML5 的輸入類型，該欄位便會降級成簡單的文字欄位。接著 AngularJS 的處理機制會視其為單純的 ISO 日期字串，然後轉換成 Date 物件。

所有欄位皆預設為瀏覽器的時區，如果打算加以修改，可透過 ngModelOptions 來完成。

延伸閱讀

■ 「以 ngModelOptions 控制模型輸入」一節提供 ngModelOptions 選項的相關細節，包括定義如何與何時修改輸入繫結模型的所有方法。

以 $watchGroup 結合觀察器

有可能會需要將多個模型元件綁定到相同 $watch 類型的回呼。AngularJS 1.3 版提供了 $watchGroup 方法，它能夠接收觀察目標的集合，其中的所有觀察目標必須繫結到相同的回呼。

開始進行

異動事件的回呼參數可以是目前值的有序陣列，接著是前值的有序陣列，如下所示：

```
(app.js)

angular.module('myApp',[])
.controller('Ctrl', function($scope, $log) {
  $scope.ping = 'pong';
  $scope.ding = {
      dong: 'ditch'
```

```
  };

  // 透過參照觀察 ping 及 ding.dong 屬性
  $scope.$watchGroup(['ping', 'ding.dong'],
      function(newVals, oldVals,scope) {
    // 回呼邏輯
    $log.log(newVals, oldVals, scope);
  });
});

(index.html)

<div ng-app="myApp">
  <div ng-controller="Ctrl">
    <input ng-model="ping" />
    <input ng-model="ding.dong" />
  </div>
</div>
```

提示

JSFiddle: http://jsfiddle.net/msfrisbie/80yr36qn/

這是如何運作的？

呼叫 $watchGroup 後，將為第一個引數內的每個模型元件建立一組參照觀察器。使用 $watchGroup 並不會減少產生的觀察器數量，因為 AngularJS 仍然需要獨立檢查集合中的每個元素，以確認觀察值是否變髒、以及應該提供哪些新值作為觀察回呼的引數。

還有更多

雖然 $watchGroup 無法直接提升應用程式的效能，不過主要的好處是讓控制器應用 DRY 原則。

延伸閱讀

■ 「以鬆散繫結來修整觀察名單」一節說明如何使用全新的「繫結一次」功能來簡化應用程式。

以 ng-strict-di 進行健全性檢查

全新的 ng-strict-di 前導指令十分容易理解。為應用程式宣告父 DOM 節點時，若於該元素含括 ng-strict-di，表示只有可縮小（minification-safe）的相依性注入語法才能被執行。

開始進行

ng-strict-di 前導指令的用法十分簡單，只要加入額外的屬性至 ng-app 節點，如下所示：

```
(app.js)

angular.module('myApp',[])
.controller('Ctrl', function($scope) {});

(index.html)

<div ng-app="myApp" ng-strict-di>
  <div ng-controller="Ctrl"></div>
</div>
```

如果試著在瀏覽器載入前述頁面，將會看到以下錯誤：

```
Error: [$injector:strictdi] function($provide) is not using explicit
annotation and cannot be invoked in strict mode
```

 提示

JSFiddle: http://jsfiddle.net/msfrisbie/snqvypgL/

還有更多

ng-strict-di 前導指令可識別出難以被縮小的應用程式，因此便能夠適當地制止開發者。諸如 ng-annotate 與 ng-min 等工具能夠用來避免可縮小標注的冗長性，但若同時也利用 ng-strict-di 作為一道防線，則能夠在檢查應用程式的有效性時，防範那些難以被縮小的程式碼。

以 ngModelOptions 控制模型輸入

這個新的輔助前導指令引入一種控制模型存取及更新的新方式。以往使用繫結至某個輸入欄位的 ng-model 時，即代表有效性檢查或內容異動的任何檢驗都得發生在控制器的輔助器方法或是範圍觀察器中，而這兩處卻都不是很乾淨。有了 ngModelOptions 之後，現在就能決定如何及何時更新模型。

準備工作

ngModelOptions 前導指令受益的應該要算是 AngularJS 表單了，因為它隱含地提供了表單輸入欄位的命名空間，以供前導指令使用。假設本節的初始內容如下所示：

```
<div ng-controller="PlayerCtrl">
  <form name="playerForm">
    Name:
    <input type="text"
        name="playerName"
        ng-model="player.name"
        ng-model-options="" />
  </form>
</div>
```

開始進行

最能夠直接從 ngModelOptions 前導指令提供了一些選項，可定義於樣板運算式內作為物件常值。

updateOn 選項

設定 updateOn 選項後，直到發生觸發事件之前，模型都不會異動。updateOn 選項可接收一或多個 DOM 事件，以便呼叫更新。除了正常的 DOM 事件外，還有一個符合此控制項預設事件的特殊預設事件。而這個預設事件可讓我們加入額外的事件至標準事件之上，其做法如下：

```
(app.js)

angular.module('myApp', []);
```

```
(index.html)

<div ng-app="myApp">
  <form name="playerForm">
    name="playerName"
    ng-model="player.name"
    ng-model-options="{updateOn: 'blur click mousemove'}" />
  </form>
  {{ player.name }}
</div>
```

當然，這些DOM事件在文字輸入的上下文內是很平淡無奇的，不過卻展示了 updateOn寬廣的可能性。

 提示

JSFiddle: http://jsfiddle.net/msfrisbie/tz319dpe/

debounce選項

debounce選項可讓我們設定從欄位內容發生異動到模型更新之間的延遲。若是針對所有的updateOn事件，可以接收的參數是一個整數類型的毫秒值。如果是針對個別事件，則可以接收一個物件，內含個別事件的整數延遲值。單一整數的方式如下所示：

```
<input type="text"
  name="playerName"
  ng-model="player.name"
  ng-model-options="{ updateOn: 'blur click mousemove',
    debounce:500 }" />
```

以及物件的方式：

```
<input type="text"
  name="playerName"
  ng-model="player.name"
  ng-model-options="{ updateOn: 'blur click mousemove', debounce:
    {'blur': 500, 'click': 300, 'mousemove': 0} }" />
```

提示

JSFiddle: http://jsfiddle.net/msfrisbie/rjxrgv7h/

提示

Debounce（消除抖動）一詞的起源是來自於電路領域。機械按鈕或開關利用金屬觸點打開及關閉電路連接，關閉金屬觸點開關時，它們會在安定之前互相碰撞與回彈，因而導致抖動。此類抖動在電路中是個麻煩，因為它經常會形成開關或按鈕的反覆切換，而這是明顯有問題的行為。一種處理方式是嘗試忽略可能的抖動干擾——也就是消除抖動！除了忽略抖動干擾外，也可以在讀取值之前加入延遲，而這兩種方法都能透過硬體或軟體來達成。

allowInvalid 選項

allowInvalid 選項十分簡單，有效輸入的正常行為並不會傳播無效值給模型，但是會設定為未定義。當指定 allowInvalid 為 true 後，它將覆蓋前述行為，然後傳送無效值給模型。可以如常驗證表單，同時又能夠捕捉到無效值。

提示

JSFiddle: http://jsfiddle.net/msfrisbie/ejzpoo75/

getterSetter 選項

getterSetter 是個有趣的選項，它可讓我們指示應用程式將 ng-model 值作為獲取者/設定者的組合，而不僅是一個值。做法如下：

```
(index.html)

<div ng-app="myApp">
  <div ng-controller="Ctrl">
    <form name="playerForm">
      Name:
      <input type="text"
```

```
        name="playerName"
        ng-model="player.name"
        ng-model-options="{ getterSetter: true }" />
    </form>
  </div>
</div>

(app.js)

angular.module('myApp', [])
.controller('Ctrl', function($scope) {
  // 私有的玩家姓名
  var playerName = 'Jordan Wilson';

  // 公共的獲取者 / 設定者
  $scope.player = {
    name: function (newName) {
      console.log(newName)
      if (angular.isUndefined(newName)) {
        // getter
        return playerName;
      } else {
        // setter
        playerName = newName;
      };
    }
  };
});
```

現在ngModelOptions會在背景透通地利用player.name(val)來指派模型值,並以player.name()來讀取此值。由於我們已透過獲取者/設定者的思維定義了存取方法,意味著值的手動插入及指派都必須藉由獲取者與設定者來完成:

```
<!-- 利用獲取者語法進行插入 -->
Name: <span>{{ player.name() }}</span>

<!-- 利用設定者語法進行指派 -->
<button ng-click="player.name('')">Reset Name</button>
```

 提示

JSFiddle: http://jsfiddle.net/msfrisbie/uqpd7xft/

timezone 選項

`timezone` 選項涉及全新加入的 HTML5 datetime 輸入類型的支援。其輸入預設為瀏覽器的時區,在設定此值後則會覆蓋預設的時區。

$rollbackViewValue 選項

`ngModelOptions` 內含的 `updateOn` 和 `debounce` 選項會引入一種「薛丁格貓」(Schrödinger's cat) 模式,也就是在技術上而言,單一模型擁有兩個同時發生的值,並且可能會在未來的某個時間點被解析。幸運的是,不同於量子疊加,我們仍能在一種不確定 (模型) 的情境下推導出推論狀態的優先級別。

`$rollbackViewValue` 選項會作為模型的重置按鈕,呼叫後將重置存在於模型中的輸入值,同時取消任何還未發生的消除抖動處理。做法如下:

```
(index.html)

<div ng-app="myApp">
  <form name="playerForm">
    Name:
    <input type="text"
      name="playerName"
      ng-model="player.name"
      ng-model-options="{ updateOn: 'click', debounce: 2000 }" />
    <button ng-click="playerForm.playerName.$rollbackViewValue()">
      Revert changes
    </button>
  </form>
{{ player.name }}
</div>

(app.js)
angular.module('myApp', []);
```

 提示

JSFiddle: http://jsfiddle.net/msfrisbie/tbft57zw/

這是如何運作的？

在概念上，ngModelOptions 的存在意義是很明顯的。在先前版本中已經存在的 ngModelController 是作為可見區域/模型之間的仲裁者，透過對模型與可見區域之間的資料剖析、驗證及傳輸進行管理來達成。至於 ngModelOptions 前導指令則僅僅是作為輔助型的仲裁者，提供開發者對於模型變化的額外控制能力。

延伸閱讀

- 「使用 HTML5 的 datetime 輸入類型」一節說明 AngularJS 與 HTML5 資料類型的整合。
- 「加入 $touched 與 $submitted 狀態」一節說明全新的 AngularJS 表單狀態，可用來更緊密地控制應用程式流程。
- 「以 ngMessages 清理表單錯誤」一節示範如何使用這個新模組，來徹底改造表單錯誤訊息的處理方式。
- 「建立及整合自訂的表單驗證器」一節展示如何以驗證管線直接整合表單。

加入 $touched 與 $submitted 狀態

正確實作表單會如此困難的部分原因是：它們都是有狀態的資料。DOM 事件、頁面歷史、使用者狀態，以及其他無數原因都有可能會決定呈現給使用者的內容。

開始進行

AngularJS 1.3 版為表單加入了兩種狀態：$touched 與 $submitted。

$touched 狀態

以往最接近 $touched 的狀態是 $pristine，後者只會在欄位被輸入值時解除設定，但若是輸入的內容沒有任何改變，其狀態也不會再有任何變化。如今，只要欄位存在聚焦事件，$touched 狀態就會被設定，即使模型的內容未經更動。做法如下所示：

```
(app.js)

angular.module('myApp', []);

(index.html)

<div ng-app="myApp">
  <form name="playerForm">
    <input type="text"
      name="playerName"
      ng-model="player.name" />
  </form>
  <div ng-if="playerForm.playerName.$touched">
    You touched the playerName field
  </div>
</div>
```

當輸入欄位存在成對的聚焦/離焦事件，前述程式碼的訊息便會顯示出來。

$submitted 狀態

有一種常見的需求：只有在提交表單失敗時才顯示錯誤訊息給使用者。當它察覺到不成功的提交時，表單控制器物件便會設定 $submitted 旗標。做法如下：

```
(app.js)

angular.module('myApp', []);

(index.html)

<div ng-app="myApp">
  <form name="playerForm">
    <input type="text"
      name="playerName"
      ng-model="player.name" />
    <button type="submit">Submit</button>
  </form>
  <div ng-if="playerForm.$submitted">
    You clicked submit
  </div>
</div>
```

進行提交便會顯示前述程式碼中的訊息。

提示

JSFiddle: http://jsfiddle.net/msfrisbie/cng82hn4/

延伸閱讀

■「以 ngModelOptions 控制模型輸入」一節提供 ngModelOptions 選項的相關細節，包括定義如何與何時修改輸入繫結模型的所有方法。

■「以 ngMessages 清理表單錯誤」一節示範如何使用這個新模組，來徹底改造表單錯誤訊息的處理方式。

■「建立及整合自訂的表單驗證器」一節展示如何以驗證管線直接整合表單。

以 ngMessages 清理表單錯誤

加入 ngMessages 前導指令的目的是解決表單錯誤訊息中不穩定且複雜的問題。傳統上，錯誤訊息是被個別且獨立地被處理，它們也加入了某種程度的中繼邏輯，以便決定訊息的優先性，以及可看見多少訊息等等。通常較原始的解法是遍灑大量的 ng-if 前導指令到頁面中錯誤訊息的對應處，然後委託顯示邏輯給表單控制器。可以想見，當表單越來越複雜時，前述做法將很快就變得混亂。

準備工作

ngMessages 前導指令是包含在 ngMessage 模組裡，所以需要先在應用程式中加入：

```
(app.js)

angular.module('myApp', ['ngMessages']);
```

開始進行

ngMessages 模組分為兩個不同的前導指令：ng-messages 與 ng-message。ng-messages 會定義錯誤訊息區塊，來處理表單的 $error 物件，它會包含一或多個 ng-message 實例，來指向 $error 物件中的特定屬性。做法如下：

```
(index.html)

<div ng-app="myApp">
  <form name="playerForm">
    <input type="text"
      name="playerName"
      ng-model="player.name"
      minlength="4"
      required />
    <!-- ng-messages 區塊會處理欄位的 $error 物件 -->
    <div ng-messages="playerForm.playerName.$error">
      <!-- 每一個 ng-message 會處理單一的錯誤條件 -->
      <div ng-message="required">
        Player name is required
      </div>
      <div ng-message="minlength">
        A player name must be at least 4 characters
      </div>
    </div>
  </form>
</div>
```

提示

JSFiddle: http://jsfiddle.net/msfrisbie/cd8ud10q/

這是如何運作的？

每個 ng-messages 區塊一次只會顯示單一的錯誤訊息，而錯誤訊息的優先次序是由 ng-message 實體位於區塊中的順序來決定。此舉可讓我們充分控制該如何及何時顯示錯誤訊息。

還有更多

訊息區塊可當成樣板一般重複使用，重構前述範例後的內容如下：

```
(index.html)

<div ng-app="myApp">
  <form name="playerForm">
    <input type="text"
      name="playerName"
```

```
      ng-model="player.name"
      minlength="4"
      required />
    <div ng-messages="playerForm.playerName.$error"
      ng-messages-include="error-messages.html">
    </div>
  </form>

  <script type="text/ng-template" id="error-messages.html">
    <div ng-message="required">
      Player name is required
    </div>
    <div ng-message="minlength">
      A player name must be at least 4 characters
    </div>
  </script>
</div>
```

提示

JSFiddle: http://jsfiddle.net/msfrisbie/dz7vfd54/

任何的 ng-messages 實例都能重複使用這個 error-messages 樣板,它會比對 $error 物件的屬性與樣板中對應的 ng-message 欄位。如果有需要的話,所含括的 錯誤訊息也可以被覆蓋,只要在實際的 ng-messages 區塊中再加入一個同值的 ng- message 實例即可。做法如下:

```
(index.html)

<div ng-app="myApp">
  <form name="playerForm">
    <input type="text"
      name="playerName"
      ng-model="player.name"
      minlength="8"
      required />
    <div ng-messages="playerForm.playerName.$error"
         ng-messages-include="error-messages.html">
      <div ng-message="minlength">
        A player name must be at least 8 characters
      </div>
    </div>
  </form>
```

```
<script type="text/ng-template" id="error-messages.html">
  <div ng-message="required">
    Player name is required
  </div>
  <div ng-message="minlength">
    A player name must be at least 4 characters
  </div>
</script>
</div>
```

任何定義於實際 `ng-messages` 區塊的 `ng-message`，其優先性會高於所含括的同值 `ng-message`。

提示

JSFiddle: http://jsfiddle.net/msfrisbie/5hd8d5hz/

延伸閱讀

- 「以 `ngModelOptions` 控制模型輸入」一節提供 `ngModelOptions` 選項的相關細節，包括定義如何與何時修改輸入繫結模型的所有方法。

- 「加入 `$touched` 與 `$submitted` 狀態」一節說明全新的 **AngularJS** 表單狀態，可用來更緊密地控制應用程式流程。

- 「建立及整合自訂的表單驗證器」一節展示如何以驗證管線直接整合表單。

以鬆散繫結來修整觀察名單

AngularJS 框架經常為人詬病的一點是效率低落的資料繫結機制。雖然很容易導致效能低落是事實，但只要能夠深入瞭解其箇中原理，便仍然能夠善加利用 AngularJS 以面對任何架構上的挑戰。

「繫結一次」是 AngularJS 1.3 版中備受期待的功能之一，它提供了一次性的資料繫結，好讓開發者評估將即時性資料插入至樣板中的必要性，並且可選擇退出該資料繫結，以便改善應用程式的整體效能。

開始進行

在運算式中加上「::」前置字元，便會在編譯階段進行一次性的資料繫結，如下所示：

```
<span ng-show="user.isAuthenticated">{{ ::user.name }}</span>
```

這將會為已認證的顯示狀態維持正常的資料繫結，但對於 user.name 的觀察會在它取得值後終止。接著 AngularJS 便會安排觀察器的刪除。本例是要藉此突顯出應用程式應該持續檢查使用者是否已被認證，但其名稱應該不會隨著應用程式的生命週期而變化，因此持續觀察一個已知不會改變的值是沒有意義的。

提示

JSFiddle: http://jsfiddle.net/msfrisbie/Lxxmcveq/

這是如何運作的？

「繫結一次」的邏輯（也稱為鬆散繫結）是發生在範圍觀察器層級。回想一下，樣板中的每個運算式都註冊了各自的觀察器。加上「::」的運算式會指示處理迴圈儲存該運算式的初次求值結果，倘若該值被定義，AngularJS 將標示該值為穩定，然後便排定在處理迴圈結束時註銷此觀察項目。在處理迴圈的最後，AngularJS 會再次檢查排程中的待移除項目；如果所屬的值仍被定義，便註銷觀察項目，反之則取消註銷作業。

簡而言之，AngularJS 將觀察運算式直到變成已定義。既然如此，「繫結一次」在某方面而言似乎並不完全準確，事實上比較像是 AngularJS 會「繫結直到」取得值為止。

注意

在前述說明中，「被定義」的值指的是任何非屬 JavaScript 未定義（undefined）的值。

還有更多

當傳入剖析的運算式（它會返回一個函數）給觀察運算式後，「繫結一次」才會生效。這可透過 $parse 服務直接展示，如下：

```
// 使用鬆散繫結
var playerGetter = $parse('::player');
scope.$watch(playerGetter);
```

當運算式繫結至可見區域時，前述程式碼才會真正發揮效用。剖析函數會與需要使用延遲繫結的觀察器進行通訊。接著請見底下的程式碼：

```
// 不使用鬆散繫結
var playerGetter = $parse('::player');
playerGetter($scope);
```

前述程式不會使用延遲繫結；呼叫剖析函數後的回傳值每次都會提供最新的值。

多方面利用繫結一次運算式

在註冊觀察器時，AngularJS 因為運算式的位置而有任何差別待遇，因此「繫結一次」功能可應用於任何地方。

ng-repeat 前導指令

ng-repeat 前導指令的屬性字串會被剖析為分段運算式，所以完全有可能在枚舉集合中使用一次性的繫結，如下所示：

```
<div ng-repeat="player in ::roster.players">
  {{ ::player.name }}
</div>
```

請注意這裡封裝的重複運算式具備一次性繫結。但即使集合只繫結一次，重複元素仍然會繫結到既有的實例，並且產生各自的觀察項目，除非有指示不要這麼做。

 提示

JSFiddle: http://jsfiddle.net/msfrisbie/dg45qdpu/

隔離範圍的繫結

有時候，帶有隔離範圍屬性運算式的前導指令並不預期所繫結的參照或內容會發生變化，而這就是縮減觀察器的絕佳機會，如下所示：

```
(app.js)

angular.module('myApp', [])
.directive('playerProfile', function() {
  return {
    scope: {
      draft: '@'
    },
    template: '<div>{{player.name}}: {{draft}}</div>'
  };
});

(index.html)

<div ng-app="myApp">
  <input ng-model="draft.year" />
  <player-profile draft="Drafted in {{::draft.year}}">
  </player-profile>
  <hr />
  <pre>{{ draft | json }} </pre>
</div>
```

由於前導指令宣告的繫結是在編譯階段時進行求值，因此便應該將單一繫結前置字元放置到前導指令的定義運算式，而非前導指令的樣板中。

 提示

JSFiddle: http://jsfiddle.net/msfrisbie/ft3z53de/

需要執行的方法與運算式

AngularJS 不會區別運算式的類型，因此在運算式的方法上宣告一次性的繫結，絕對是防止該方法被瘋狂呼叫的絕佳方案。做法如下：

```
<span ng-show="::verySlowMethod()">Show me maybe</span>
```

運算式總是越輕量越好，而這通常意味著不應在可見區域中使用方法。然而，如果無法避免的話，透過繫結一次機制便能夠縮減方法的執行次數，好讓應用程式更有效率。

提示

JSFiddle: http://jsfiddle.net/msfrisbie/y3qhdhhp/

延伸閱讀

■ 「以 $watchGroup 結合觀察器」一節展示如何使用全新的觀察類型，以便將多個觀察器置於相同的回呼中。

建立及整合自訂的表單驗證器

在加入了驗證器管線後，AngularJS 的表單驗證便具備極佳的擴充性與簡易性。

開始進行

以往自訂表單驗證會涉及剖析器與格式器的雜亂細節；但這種情況已不復存在。自訂驗證現在已能夠適當地封裝於前導指令中。

同步驗證

ngModel 前導指令提供了 $validators 屬性，目的是讓我們直接利用它的表單驗證功能。

下列自訂驗證器範例的前導指令定義將確保模型值不會是 Packers：

```
(app.js)

angular.module('myApp', [])
.directive('validateFavoriteTeam', function() {
  return {
    require : 'ngModel',
    link : function(scope, element, attrs, ngModel) {
      // 定義自訂驗證器「favoriteTeam」
      ngModel.$validators.favoriteTeam = function(team) {
        // 檢查字串的不等值性
```

```
      // 返回 false 即代表錯誤
      return team !== "Packers";
    };
  }
};
});
```

使用方式如下：

```
(index.html)

<div ng-app="myApp">
  <form name="fanForm">
    <input name="myTeam"
      type="text"
      ng-model="user.team"
      validate-favorite-team />
    <div ng-if="fanForm.myTeam.$error.favoriteTeam">
      Your favorite team cannot be the Packers
    </div>
  </form>
</div>
```

如此一來，當輸入值是 Packers 時，就會顯示錯誤訊息。

 提示

JSFiddle: http://jsfiddle.net/msfrisbie/d2t833ag/

非同步驗證

如果預期表單的內容會頻繁異動，那麼便應該將高延遲性的驗證程序與其他輕量級的作業（例如正規運算式的比對）區別對待。而當中最容易會想到的驗證類型是發出 AJAX 請求到遠端實體，這顯然會需要一段時間才能完成，而且不應弄得令人生厭。

底下的前導指令定義是自訂非同步驗證器的一個例子，目的是確保背號未被任何特定的隊伍取走：

```
(app.js)

angular.module('myApp', [])
.directive('validateJerseyAvailable', function($http, $q, $timeout) {
```

```
  return {
    require : 'ngModel',
    link : function(scope, element, attrs, ngModel) {
      ngModel.$asyncValidators.jerseyAvailable = function(num) {
        if (!Number.isInteger(num)) {
          // 輸入值非整數，無效
          // 返回拒絕承諾
          return $q.reject();
        } else {
          // 傳送請求至伺服器，返回承諾
          return $http.get('/player/' + num)
          // 假設 success() 代表 200 回應
          .success(function() {
            // 背號已存在
            // 不可用，無效
            return $q.reject();
          })
          // 假設 error() 代表 404 回應
          .error(function() {
            // 背號不存在
            // 可用，有效
            return true;
          });
        }
      };
    }
  };
});
```

使用方式如下：

```
(index.html)

<div ng-app="myApp">
  <form name="playerForm">
    <input name="myNumber"
      type="number"
      ng-model="player.number"
      validate-jersey-available />
    <div ng-if="playerForm.myNumber.$pending">
      Checking for jersey number availability...
    </div>
    <div ng-if="playerForm.myNumber.$error.jerseyAvailable">
      That jersey number is taken.
    </div>
  </form>
</div>
```

如果承諾已解析，模型便會進行驗證；倘若承諾已拒絕，則驗證器錯誤會註冊至 $error 物件。為了提高效率之故，除非定義於 $validators（包含預設部分）的全部驗證器都已通過，否則不會對定義於 $asyncValidators 的驗證器進行求值。

由於未求值的承諾無法定義成 $valid 或 $invalid，因此非同步驗證器會引入一個中間狀態 $pending。這個狀態會遵循有效/無效的所有慣例，其用法如下：

```
<div ng-if="playerForm.myNumber.$pending">
  Checking for jersey number availability...
</div>
```

提示

JSFiddle: http://jsfiddle.net/msfrisbie/odL6yLn6/

這是如何運作的？

$validators 與 $asyncValidators 引導我們透過定義自訂前導指令（和 ngModel 互動）的方式，直接整合 AngularJS 表單的驗證流程。

還有更多

由於 AngularJS 表單的生態系統十分廣泛且穩固——涵蓋錯誤處理、驗證、CSS 樣式、模型轉換以及傳播等等——因此我們便應當在應用程式中利用自訂驗證器，以收協同作業之綜效。

延伸閱讀

- 「以 ngModelOptions 控制模型輸入」一節提供 ngModelOptions 選項的相關細節，包括定義如何與何時修改輸入繫結模型的所有方法。

- 「加入 $touched 與 $submitted 狀態」一節說明全新的 AngularJS 表單狀態，可用來更緊密地控制應用程式流程。

- 「以 ngMessages 清理表單錯誤」一節示範如何使用這個新模組，來徹底改造表單錯誤訊息的處理方式。

第 10 章

AngularJS 駭客技巧

本章涵蓋以下內容：

- 從控制台操作應用程式

- 讓控制器保持 DRY

- 使用 `ng-bind` 取代 `ng-cloak`

- 註解 JSON 檔案

- 建立自訂的 AngularJS 註解

- 利用 `$parse` 安全地參照深層屬性

- 避免冗餘的剖析

簡介

精通一門程式語言或框架並不僅僅是閱讀文件、或瀏覽一份教學指南而已；而是得閱讀由其他開發者所撰寫的大量程式碼。如同美術館不能只收藏一位畫家的作品、貝多芬的交響樂不能只為一種樂器編曲，而最佳的科技公司也無法僅仰賴一位工程師的想法。眾多、多樣性，以及經常截然不同的意見是最能刺激出複雜、具分析性及創造性的想法。透過剖析其作品，進而汲取他人智慧的過程可以是充滿熱情且富有教育性的，閱讀他們的程式碼能夠使我們跳脫個人狹隘的思緒。

當設計的程式越來越多時，我們便時常會被平淡無奇的程式碼所淹沒，但同時我們也有機會從中發掘到一些「駭客技巧」（hacks），也就是那些更實用、或者更聰明的好辦法。本章便包含了大量的駭客技巧，來自於作者或其他來源，而且十分受用，衷心地希望對各位而言也是如此。

從控制台操作應用程式

測試時如果能夠直接手動操作應用程式的元件，將會是一種十分有用的偵錯工具。框架的抽象化除了改善應用程式的組織外，也往往使得應用程式元件在控制台中難以被檢查與操作。在多數情況下，是可以利用中斷點偵錯來處理，但若能夠從控制台層級輕易地對服務、範圍以及其他的 AngularJS 元件進行檢查與操作，則一定會更有幫助。

開始進行

AngularJS 物件提供了全域的瀏覽器命名空間，可用來存取應用程式的內部元件。底下幾節將列出範圍與服務的操作：

範圍

於控制台和 AngularJS 應用程式互動時，檢查並操作整個應用程式的範圍可能是最常見的用例之一。Google Chrome 的 Batarang 外掛程式是 AngularJS 開發者可以加以利用的優秀工具，它提供了檢查應用程式範圍的能力。

倘若想要一個浮動的範圍物件（未關聯至應用程式的任何部分），則 $injector 能夠協助產生一個新的範圍實例，如下所示：

```
(瀏覽器控制台)

// 建立一個新的範圍物件，但未關聯到應用程式的任何部分
var scope = angular.injector(['ng']).get('$rootScope')
```

通常只需要存取 $rootScope 或是一個非特定的應用程式範圍，就能修改資料或發出/廣播事件。如果是這種情況，那麼 $rootScope 便會是最快的存取方式，做法如下：

```
(瀏覽器控制台)

// 如果知道哪一個是 DOM 的根節點，就能使用查詢選擇器，
// 並透過 <節點>.scope() 進行擷取
// $rootScope 通常會關聯至 <body>
var rs = angular.element(document.querySelector('body')).scope()

// 如果不知道 DOM 節點，則透過 ng-scope 類別使用最遠的 DOM 父系節點
var rs = angular.element(
```

```
document.querySelector('.ng-scope')).scope()

// 如果不是手動引導啟動，則透過 ng-app 屬性使用唯一的節點
var rs = angular.element(
  document.querySelector('[ng-app]')).scope()
```

倘若想要找尋應用程式內某個特定的子範圍，便可利用先前的選擇器技巧找出關聯至此範圍的確切節點。

如果是使用 Google Chrome 瀏覽器，則控制台有一個內建的功能可讓 DOM 節點的選擇更加容易。在 DOM 檢查器（位於檢查面板的 **Elements** 選項分頁）內部，倘若選取了 DOM 元素，便會在控制台內作為 $0，接著就可以如常使用它來擷取關聯的範圍：

```
(瀏覽器控制台)
// （使用者點擊 <body> 節點以選取）
$0
// <body ng-app="playerApp" class="ng-scope">...</body>
angular.element($0).scope()
// Scope {$id: 1, $$childTail: ChildScope, ...}
```

Chrome 會按順序保存 DOM 節點的歷史，因此前一次點擊的節點會是 $1，再更之前則是節點是 $2，餘依此類推。

服務

即使應用程式可能沒有充分利用服務類型抽象化的眾多好處（應該要充分利用！），但從控制台來操作服務類型仍會是十分有用的偵錯工具，可用於測試模型的操作、遠瑞 API 存取以及認證等等。做法如下：

```
(瀏覽器控制台)

// 注入器可讓我們存取相依性注入的元件
// 'ng' 會涵蓋內建服務的模組相依性
var $injector = angular.injector(['ng'])
// 現在透過一般的 AngularJS 相依性注入，就能以字串名稱存取 $http
  , $http = $injector.get('$http');

// 合併為單行：
var $http = angular.injector(['ng']).get('$http');
```

當然，我們也能存取應用程式中的非 AngularJS 服務：

```
（瀏覽器控制台）

var Player = angular.injector(
    // 存取定義了 Player 服務的模組
    ['footballApp.players.services.player']
// 透過相依性注入取得 Player 服務
).get('Player');
```

還有更多

修改模型、透過 $location 來改變頁面位置，或者是其他任何在控制台內更改應用程式狀態的動作，都很有可能會需要強制執行 $digest 周期，因為 AngularJS 並不會去注意控制台。一種簡單的做法如下：

```
（瀏覽器控制台）

angular.element(
    document.querySelector('.ng-scope')).scope().$apply()
```

或者，由於 $digest 周期也有可能已經被執行，因此如果想要避免潛在的 $apply() 衝突，則立即的 $timeout 回呼能夠確保沒有正在進行的周期，然後再開始一個新的 $digest 周期：

```
（瀏覽器控制台）

angular.injector(['newApp']).get('$timeout')(function() {}, 0)
```

讓控制器保持 DRY

在定義控制器內的模型資料及方法時，應該很快就會對重複地輸入 $scope 字眼感到疲乏。或許有些開發者會視其為理所當然，並默默地承受，不過還有一種更好的方法能夠避免這種冗餘，同時讓控制器變得更符合 DRY。

準備工作

假設有個足球應用程式的控制器，如下所示：

```
app.module('myApp', [])
.controller('Ctrl' function($scope) {
  $scope.team = {
    name: 'Bears',
    city: 'Chicago'
  };
  $scope.player = {
    name: 'Jake Hsu',
    team: 'Bears',
    number: 29,
    position:'RB'
  };
  $scope.trade = function(player1, player2) {
    // $scope.trade() 邏輯
  };
  $scope.drop = function(player) {
    // $scope.drop() 邏輯
  };
});
```

開始進行

即使只有兩個範圍物件及兩個方法，但需要輸入$scope的次數也是十分惱人。要求這
種詳盡語法的主要原因是因為$scope是已注入的既有物件，而我們只是擴展它。因
此，在這種情況下就可以利用內建的angular.extend()。

可透過下列方式來重構控制器：

```
(app.js)

angular.module('myApp', [])
.controller('Ctrl', function($scope) {
  angular.extend($scope, {
    team: {
      name: 'Bears',
      city: 'Chicago'
    },
    player: {
      name: 'Jake Hsu',
      team: 'Bears',
      number: 29,
      position:'RB'
    },
    trade: function(player1, player2) {
      // $scope.trade() 邏輯
    },
```

```
    drop: function(player) {
      // $scope.drop() 邏輯
    }
  });
});
```

提示

JSFiddle: http://jsfiddle.net/msfrisbie/3Laxmcn9/

這是如何運作的？

與其繁雜地定義一連串的值與方法屬性，不如將它們直接定義於單一物件中，然後再合併至 $scope 物件。由於這只會發生在初始化控制器時，除非此控制器會被大量建立，否則儘管可能會有效能問題，但與更加整潔的程式碼相較之下都顯得微不足道。

還有更多

細心的開發者會發現，以單一物件擴充 $scope 的方式會帶走一個可能很重要的功能，也就是在每次指派 $scope 屬性時管理發生事件的能力。由於擴展 $scope 的物件必須在合併前實例化，因此如果物件的屬性丟出異常，或者花費長時間才完成（例如 HTTP 請求），那麼就會造成問題。

倘若初始化階段需要一次性的異常處理，是可以使用 IIFE（immediately-invoked function expression，立即呼叫的函數運算式）來解決，但過度使用則會很快變成累贅，並喪失簡潔 angular.extend() 方法所帶來的好處。

如果初始化資料的計算相當耗時，那麼或許就該重新思考是否還要將這些作業放置到控制器的初始化階段。

使用 ng-bind 取代 ng-cloak

ng-cloak 前導指令是顯示延遲問題的可行解決方案，但對老練的開發者而言，空白化整個頁面或在應用程式樣板中遍灑 ng-cloak，都只是次優的解法。在多數情境下，更優雅的解決方案是盡早將已完成計算的頁面部份顯示出來，而不是等它們全數完成才顯示整個頁面，好讓終端使用者感覺頁面的載入似乎相當迅捷。

開始進行

在載入樣板時，AngularJS 的「{{ }}」插入語法可能會引發顯示問題。底下是一範例：

```
<div ng-controller="PlayerCtrl">
  Player: <span>{{ player.name }}</span>
</div>
```

若樣板在編譯完成前便顯示出來，就會閃爍地出現 Player: {{ player.name }}。

ng-cloak 的修正方案如下：

```
<div ng-cloak ng-controller="PlayerCtrl">
  Player: <span>{{ player.name }}</span>
</div>
```

前述程式隱藏了整個 <div> 元素直到 AngularJS 能夠進行編譯並去除 ng-cloak 屬性。此法雖然可行，但也可以做得更好。

不再是使用「{{ }}」做插入，ng-bind 前導指令會以傳入運算式的求值結果來取代元素的內容，做法如下：

```
<div ng-controller="PlayerCtrl">
  Player: <span ng-bind="player.name"></span>
</div>
```

如此一來，未編譯的樣板會僅僅顯示出 Player:，它不會隱藏所有內容，並且也讓頁面的顯示看起來更快，所繫結的資料會在 AngularJS 完成樣板編譯後插入。

 提示

JSFiddle: http://jsfiddle.net/msfrisbie/807L7Lbh/

這是如何運作的？

由於 DOM 內的 HTML 元素屬性是不可見的，因此頁面仍然會出現，但在編譯前是不完整的。接著當所繫結的資料可用時便會插入，使用者僅在短暫的延遲後就能看到這些資料出現在頁面中。

註解 JSON 檔案

這項技巧並不太算是針對 AngularJS，當撰寫 JSON 組態檔（例如，Grunt 組態、Bower 套件定義，以及 npm 套件定義）時，可能會忘了某一行的目的。麻煩的是，JSON 本身並不支援註解，不過在真的有需要時仍有一些聰明（但飽受爭議）的辦法可用。

開始進行

如果已知 JSON 檔案是以特定的方式進行剖析，那麼便可以在 JSON 規範之外發想出可行的相應辦法。

會被忽略的屬性

如果知道 JSON 不會徹底剖析某個區段，也就是說只有特定的鍵值會被讀取，那麼最簡單的途徑便是插入一個程式會忽略的屬性，如下所示：

```
(package.json)
{
  "name": "playerApp",
  "version": "1.0.0",
  "_comment_devDependencies": "應用程式不會直接依賴的外部測試、建置，
    或是文件框架的元件",
  "devDependencies": {
    "grunt": "^0.4.1",
    ...
  }
  ...
}
```

重複的屬性

在許多情況下，利用被忽略的屬性就已足夠，但是處處閃避那些會被讀取的屬性反而有點像是在打拳擊，而且也經常會有無法順利設置 _comment 屬性的情況。如果已確定 JSON 剖析器只會使用最終讀取到的屬性值，那麼只要確保最後一個讀取到的值是真正有效的，就可以在之前插入「理論上」會被忽略的重複屬性值來作為註解。做法如下：

```
(package.json)
{
  "name": "playerApp",
  "version": "1.0.0",
```

```
  "devDependencies": " 應用程式不會直接依賴的外部測試、建置，
    或是文件框架的元件 ",
  "devDependencies": {
    "grunt": "JavaScript 任務執行器 ",
    "grunt": "^0.4.1",
    "grunt-autoprefixer": " 剖析 CSS 並加上廠商前置字元的 CSS 屬性 ",
    "grunt-autoprefixer": "^0.7.3",
    ...
  }
  ...
}
```

小心為上

如果不願意冒著使用非標準 JSON 格式的風險，註解 JSON 檔案的正確方式是在提交給剖析器之前，利用諸如 JSMin 這類的前置處理器去除註解。

這是如何運作的？

我猜想 Douglas Crockford 可能會因為我所推薦的前兩種方案，而想要痛扁我一頓；然而事實上它們確實可適用於一些特定的情境，尤其是在小型的專案中。

還有更多

正如前文所述，這項策略相當具有爭議性，如果不小心的話，很可能會造成麻煩。

由於這些辦法並不符合 JSON 規範，因此究竟是否可行便會受制於 JSON 檔案的實際存取行為。不同的 JSON 解譯器可能會以不同的方式來處理，如果如果 JSON 檔案是被送入至串流剖析器，或者是被剖析成一個不保證任何鍵值順序的字典，就有可能會遇到問題。但是，嘿！這正是稱為駭客技巧的原因。

建立自訂的 AngularJS 註解

有時候我們仍然忽略了 AngularJS 前導指令對於改善開發流程所能夠利用的強大潛能，一個很棒的做法是透過前導指令來註解應用程式。

開始進行

正常來講，巢狀的 HTML 註解需要如下的變動語法：

```
<!--
<div>
  <p> 我是外層註解 </p>
  <!- -
    <p> 我是內層註解 </p>
  - ->
</div>
-->
```

這種語法十分令人討厭，如果能夠任意加入註解，毋須擔心現有已存在的註解，應該是更好的做法。既然 HTML 註解無法滿足需求，我們可以製作自己的註解前導指令，如下所示：

```
(app.js)

angular.module('myApp', [])
.directive('x', function() {
  return {
    restrict: 'AE',
    compile: function(el) {
      el.remove();
    }
  };
});
```

接著就能應用屬性註解，如下所示：

```
(index.html)

<div x>
  <p> 我是外層註解 </p>
  <p x> 我是內層註解 </p>
</div>
```

或者改用元素註解，如下所示：

```
(index.html)

<x>
<div>
  <p> 我是外層註解 </p>
```

```
 <x>
   <p>我是內層註解</p>
 </x>
</div>
</x>
```

提示

JSFiddle: http://jsfiddle.net/msfrisbie/95nc7j7z/

這是如何運作的？

這類註解風格能夠讓我們指示客戶端在編譯樣板時移除大片的DOM區塊。每一次
AngularJS遇到這個前導指令時，便會在編譯階段完整清除該DOM節點，然後繼續往下
進行。

還有更多

HTML的註解並不如乍看之下那麼簡單，常見的成對<!-- -->實際上是由SGML的標
記分隔符號<!>，以及註解分隔符號-- --組合而成。因此我們便無法不透過變動語法
形成巢狀註解，也無法在註解的內容中包含--。

在製作相容於HTML或SGML的註解前導指令字串時，我們能夠擁有相當大的自由度。
純粹皆為字母的字串，例如x或cmnt，都是有效的前導指令名稱，可以利用它們作為元
素或屬性的前導指令。此外，既然是由AngularJS來處理編譯作業，那麼就能選擇諸如
「,」或「|」等特殊字元來作為前導指令註解。不過通常不能以這些字元來作為元素標籤
(<|></|>不可行，應該使用<a |></a>)，但只要確實遵循HTML5的屬性規範，並確
保瀏覽器在剖析HTML時不會出現任何錯誤，那麼註解前導指令便是可以發揮瘋狂構想
的地方！

請記住，這些內容很有可能並不會含括到正式版本的應用程式中，而比較像是針對開發
階段的一項工具。由於最好是不要提供客戶端不使用或不需要的資料，並且在應用程式
的最終組建過程中，通常很容易在進行縮小化作業時順便移除所有的HTML註解，因此
建議優先採用原生的HTML註解。

擴充性

完全有可能根據開發流程的需要來進一步擴充註解前導指令。例如，如果想要前導指令只在設定旗標後才進行移除，便可採用下列做法：

```
(app.js)

angular.module('myApp', [])
.directive('x', function() {
  return {
    restrict: 'AE',
    link: function(scope, el) {
      scope.$watch('flags.purgeComments', function(newVal) {
        if (newVal) {
          el.remove();
        }
      });
    }
  };
});
```

 提示

JSFiddle: http://jsfiddle.net/msfrisbie/5vej1z39/

很顯然地，前述範例是不可逆的操作，因為 DOM 節點已經被清除。

利用 $parse 安全地參照深層屬性

在處理物件的存取時，有經驗的 JavaScript 開發者一定十分熟悉下列的錯誤訊息：

```
TypeError: Cannot read property '...' of undefined
```

當然，這個結果是出於試圖存取一個不存在於目前詞法範圍的物件屬性。常見的情況是如果開發者意識到參照物件有可能是未定義的，那麼便會設法讓失敗的屬性存取返回未定義而非丟出錯誤。

開始進行

典型的用例是有一個非同步方法，它所參照的資料片段並不必然會在使用前完成初始化。

假設本例的使用者物件存在一個來自於後端的使用者物件，會在登入認證時置入，並於登出時清除，如下所示：

```
(app.js)

angular.module('myApp', [])
.controller('Ctrl', function($log, $scope) {
  $scope.$watch('user', function(newUserVal) {
    $log.log(newUserVal.address.city);
  });
});

// 頁面載入時的控制:
// TypeError: Cannot read property 'address' of undefined
```

以上做法看似安全，但如果使用者未被認證，當試圖存取 addrss 屬性時便會丟出錯誤。

若想要在參照深層屬性時避免這類的情形發生，可以注入 $parse 服務來防止 TypeError 的出現：

```
(app.js)

angular.module('myApp', [])
.controller('Ctrl', function($parse, $log, $scope) {
  $scope.$watch('user', function(newUserVal) {
    $log.log($parse('address.city')(newUserVal));
  });
});

// 頁面載入時的控制台
// undefined
```

以上程式碼會剖析運算式的引數，然後返回一個檢查運算式的函數。回傳值現在會變成未定義的參照，如此處所示，而這在原先的範例中則會造成 TypeError。

 提示

JSFiddle: http://jsfiddle.net/msfrisbie/oao5rav5/

323

下列做法雖然較不常見，但其作用也等同於前一個範例：

```
(app.js)

angular.module('myApp', [])
.controller('Ctrl', function($parse, $log, $scope) {
  $scope.$watch('user', function() {
    $log.log($parse('user.address.city')($scope));
  });
});

// 頁面載入時的控制台
// undefined
```

這是如何運作的？

以這種方式使用 $parse 善用了 AngularJS 樣板插入的優勢。在插入運算式至可見區域時，便會隱含地利用 $parse 服務，好讓我們在樣板中使用 {{ user.name }}，並且毋須擔心還得處理不完整的物件階層。如果能夠存取到該屬性，便隨即回傳並插入；反之則回傳未定義（undefined）。

還有更多

$parse 服務也能夠處理包含多個部分的運算式，如下所示：

```
(app.js)

angular.module('myApp', [])
.controller('Ctrl', function($log, $scope, $parse) {
  $scope.$watch('user', function(newUserVal) {
    $log.log($parse('"City: " + address.city')(newUserVal));
  });
});

// 頁面載入時的控制台：
// "City: "
```

注意

請注意，不同於一般的 JavaScript，以上程式碼並不會被記錄成 "City: undefined"。

它也能夠處理可能並不存在的方法：

```
(app.js)

angular.module('myApp', [])
.controller('Ctrl', function($log, $scope, $parse) {
  $scope.$watch('user', function(newUserVal) {
    $log.log($parse(
      '"Address: " + address.fullStr()')(newUserVal)
    );
  });
});

// 頁面載入時的控制台：
// "Address: "
```

可以加上範圍資料，如下所示：

```
(app.js)

angular.module('myApp', [])
.controller('Ctrl', function($log, $scope, $parse) {
  $scope.user = {
    address: {
      number: 1060,
      street: 'W Addison St',
      city: 'Chicago',
      state: 'IL',
      zipCode: 60613,
      fullStr: function() {
        return this.number + ' ' +
        this.street + ', ' +
        this.city + ', ' +
        this.state + ' ' +
        this.zipCode;
      }
    }
  };

  $scope.$watch('user', function(newUserVal) {
    $log.log($parse('"City: " + address.city')(newUserVal));
  });

  $scope.$watch('user', function(newUserVal) {
    $log.log($parse(
```

```
      '"Address: " + address.fullStr()'
    )(newUserVal));
  });
});

// 頁面載入時的控制台：
// Address: 1060 W Addison St, Chicago, IL 60613
```

 提示

JSFiddle: http://jsfiddle.net/msfrisbie/t12ym3as/

延伸閱讀

■ 「避免冗餘的剖析」一節示範如何重構應用程式，以便裁減重複的運算式解析。

避免冗餘的剖析

在某些情況下，$parse 作業經常會不必要地重複發生。如果應用程式已發展到一種規模，是這種冗餘會開始影響效能時，便得好好重構剖析流程，以防止一遍又一遍地反覆剖析相同的運算式。

準備工作

假設應用程式的內容如下所示：

```
(index.html)

<div ng-app="myApp">
  <div ng-controller="OuterCtrl">
    <div ng-repeat="player in data.playerIds"
         ng-controller="InnerCtrl">
    </div>
  </div>
</div>

(app.js)

angular.module('myApp', [])
.controller('OuterCtrl', function($scope, $log) {
```

```
  $scope.data = {
    playerIds: [1,2,3]
  };
})
.controller('InnerCtrl', function($scope, $log, $parse) {
  $scope.myExp = function() {
    $log.log('Expression evaluated');
    return 'watchedValue';
  };
  $scope.$watch(
    $parse(
      // 結構化 IIFE，使 $parse() 的呼叫能夠被檢視
      (function() {
        $log.log('Parse compilation called');
        return 'myExp()';
      })()
    ),
    function(newVal) {
      $log.log('Watch handler called: ', newVal);
    }
  );
});
```

載入頁面時將顯示底下的結果：

```
（瀏覽器控制台）

Parse compilation called
Parse compilation called
Parse compilation called
Expression evaluated
Watch handler called: watchedValue
Expression evaluated
Watch handler called: watchedValue
Expression evaluated
Watch handler called: watchedValue
Expression evaluated
Expression evaluated
Expression evaluated
```

由此處可以看出，在反覆的 ng-repeat 中，應用程式都會剖析相同的運算式，而這是
可以避免的！

開始進行

$parse() 會返回一函數，它接收一個需要套用運算式的物件。這個函數可以儲存並重複使用，藉以預防冗餘的剖析，如下所示：

```
(app.js)

angular.module('myApp', [])
.controller('OuterCtrl', function($scope, $log, $parse) {
  $scope.data = {
    playerIds: [1,2,3],
    // 執行一次 $parse，然後於 $scope 提供回傳函數
    repeatParsed: $parse(
      (function() {
        $log.log("Parse compilation called");
        return 'myExp()';
      })()
    )
  };
})
.controller('InnerCtrl', function($scope, $log) {
  $scope.myExp = function() {
    $log.log("Expression evaluated");
    return 'watchedValue';
  };
  // 每個觀察器會將 $scope 作為參數，隱含地呼叫 $parse() 的返回函數
  $scope.$watch($scope.data.repeatParsed, function(newVal) {
    $log.log("Watch handler called: ", newVal);
  });
});
```

 提示

JSFiddle: http://jsfiddle.net/msfrisbie/hzevdLd7/

現在，剖析作業會在初始化父控制器後發生，而且只會發生一次，如下所示：

```
(瀏覽器控制台)

Parse compilation called
Expression evaluated
Watch handler called: watchedValue
Expression evaluated
Watch handler called: watchedValue
```

```
Expression evaluated
Watch handler called: watchedValue
Expression evaluated
Expression evaluated
Expression evaluated
```

這是如何運作的？

$parse() 方法並不會對運算式進行求值，它只是將字串剖析為可供求值的運算式。將這類的前置作業放置在應用程式的前期，便能夠加以重複使用。

延伸閱讀

■ 「利用$parse安全地參照深層屬性」展示如何利用運算式剖析，以便和深層物件進行更靈活的互動。

讀者回函

讀者回函

感謝您購買本公司出版的書，您的意見對我們非常重要！由於您寶貴的建議，我們才得以不斷地推陳出新，繼續出版更實用、精緻的圖書。因此，請填妥下列資料(也可直接貼上名片)，寄回本公司(免貼郵票)，您將不定期收到最新的圖書資料！

購買書號： **書名：**

姓　　名：＿＿＿＿＿＿＿＿＿＿＿＿＿＿＿＿＿＿＿＿＿＿＿＿＿

職　　業：□上班族　　□教師　　□學生　　□工程師　　□其它

學　　歷：□研究所　　□大學　　□專科　　□高中職　　□其它

年　　齡：□10~20　　□20~30　　□30~40　　□40~50　　□50~

單　　位：＿＿＿＿＿＿＿＿＿＿＿　部門科系：＿＿＿＿＿＿＿＿

職　　稱：＿＿＿＿＿＿＿＿＿＿＿　聯絡電話：＿＿＿＿＿＿＿＿

電子郵件：＿＿＿＿＿＿＿＿＿＿＿＿＿＿＿＿＿＿＿＿＿＿＿＿＿

通訊住址：□□□ ＿＿＿＿＿＿＿＿＿＿＿＿＿＿＿＿＿＿＿＿＿
＿＿＿＿＿＿＿＿＿＿＿＿＿＿＿＿＿＿＿＿＿＿＿＿＿＿＿＿＿＿

您從何處購買此書：

□書局 ＿＿＿＿＿　□電腦店 ＿＿＿＿＿　□展覽 ＿＿＿＿＿　□其他 ＿＿＿＿＿

您覺得本書的品質：

內容方面：　□很好　　　□好　　　□尚可　　　□差

排版方面：　□很好　　　□好　　　□尚可　　　□差

印刷方面：　□很好　　　□好　　　□尚可　　　□差

紙張方面：　□很好　　　□好　　　□尚可　　　□差

您最喜歡本書的地方：＿＿＿＿＿＿＿＿＿＿＿＿＿＿＿＿＿＿＿＿

您最不喜歡本書的地方：＿＿＿＿＿＿＿＿＿＿＿＿＿＿＿＿＿＿＿

假如請您對本書評分，您會給(0~100分)：＿＿＿＿＿＿ 分

您最希望我們出版那些電腦書籍：

請將您對本書的意見告訴我們：

您有寫作的點子嗎？□無　　□有　　專長領域：＿＿＿＿＿＿＿＿

歡迎您加入博碩文化的行列哦！

✂ 請沿虛線剪下寄回本公司

Give Us a Piece Of Your Mind

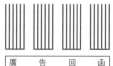

廣　告　回　函
台灣北區郵政管理局登記證
北 台 字 第 4 6 4 7 號
印 刷 品 · 免 貼 郵 票

221

博碩文化股份有限公司　產品部

台灣新北市汐止區新台五路一段112號10樓Ａ棟

博碩文化

博碩文化